Zaunkönig
Seite 11

Zilpzalp
Seite 12

Teichrohrsänger
Seite 13

Schwanzmeise
Seite 17

Gartenbaumläufer
Seite 18

Heckenbraunelle
Seite 19

Grauschnäpper
Seite 23

Mehlschwalbe
Seite 24

Feldsperling
Seite 25

Rohrammer
Seite 29

Girlitz
Seite 30

Stieglitz
Seite 31

**Vögel etwa so groß
wie eine Amsel**
➡

Gimpel
Seite 35

Kernbeißer
Seite 36

Bachstelze
Seite 40

Neuntöter
Seite 41

Feldlerche
Seite 42

Holger Haag

Was fliegt denn da?

entdecken · erkennen · erleben

KOSMOS

Impressum

Mit Illustrationen von:
Paschalis Dougalis/Kosmos: S. 13, 14, 19, 21, 25, 30, 32, 36, 38, 39, 41, 43 u., 47 m., 49, 52, 57, 67, 77 (Nr. 1, 4, 5),
78 o.m., 80 o.m. und m.m., 84, 91, 92 o.l, o.r., 93 u.r, u.l.; Marianne Golte-Bechtle/Kosmos: S. 82; Milada Kraut-
mann: S. 78 m.r.; Wolfgang Lang: S. 86–87; Esther von Hacht: S. 88 o.l. und o.r., 89 o. alle, m. alle, u.l. beide
und u.r.r.; Steffen Walentowitz: S. 5 alle, 8, 9, 10, 11, 12, 15, 16, 17, 18, 20, 22, 23, 24, 26, 27, 28, 29, 31, 33, 34, 35, 37,
40, 42, 43 o., 44, 45, 46. 47 o., 48, 50, 51, 53, 54, 55, 56, 58, 59, 60, 61, 62, 63, 64, 65, 66, 68, 69, 70, 71, 72, 73, 74,
75, 77 (Nr. 2, 3, 6), 78 o.r., m.l., m.m., u. beide, 80 o.o. und o.u., m.o. und m.u., u. beide, 88 o.m., 89 u.r.l., 90,
92 u., 93 o.l., o.r.; Jürgen Willbarth: S. 78 o.l.

Mit Farbfotos von:
AlbyDeTweede/iStockphoto.com: S. 14; Andrew_Howe/iStockphoto.com: S. 94; Andyworks/iStockphoto.com:
S. 38; arokhy/Fotolia.com: S. 41; axepe/Fotolia.com: S. 79 m.; Beselt: S. 91; Brandon Wagner/Fotolia.com: S. 88 r.;
Brigitte Bonaposta/Fotolia.com: S. 83 o.; Christine Nicols/Dreamstime.com: S. 26; cogipix/Fotolia.com: S. 80 m.o.;
Copit/iStockphoto.com: S. 84 beide; DanCardiff/Fotolia.com: S. 67; Denis Khveshchenik/Fotolia.com: S. 82;
Dionisvera/Fotolia.com: S. 80 m.u.; Essler: S. 76 u.; god_engine/iStockphoto.com: S. 76 o.; Axel Halley: S. 51;
Frank Hecker: S. 35, 59, 85 u.; Henrik Larsson/Fotolia.com: S. 52; Manfred Höfer: S. 40, 53; jesige/Fotolia.com:
S. 85 o.; Jo Lomark/shutterstock.com: S. 9 l.; Juris Sturainis/shutterstock.com: S. 9 r.; K.-U. Häßler/Fotolia.com:
S. 19, 36; Alfred Limbrunner: S. 20, 22, 44, 63, 65, 88 u. beide; Mammut Vision/Fotolia.com: S. 13; Robert Groß:
S. 17, 23, 27, 31, 43, 46, 68; Matthias Gruel/Fotolia.com: S. 79 o.; Thomas Grüner: S. 28; Ornitolog82/Fotolia.com:
S. 83 m.; Helmut Patsch: S. 33, 70; p(AS)ob/Fotolia.com: S. 57; PHB/Fotolia.com: S. 72; Philipp Gabrys/Fotolia.com:
S. 32; PhotoSG/Fotolia.com: S. 80 u.; pixeltrap/Fotolia.com: S. 80 o.; Pia Reichert: S. 81 beide; Rudolf Schmidt:
S. 25; Silvestris: S. 2/3, 54, 58, 71; Stephan Ruebsam/Fotolia.com: S.88 l.; Sylwia Schreck/Fotolia.com: S. 90;
W-Foto/Fotolia.com: S. 79 u.; Peter Zeininger: S. 37, 47, 49, 55, 56

Mit zwei Symbolen von Torsten und Carsten Odenthal, Köln (TING, Landschaft). Die 66 Aufnahmen der
Vogelstimmen, die für den TING-Stift hinterlegt sind, stammen von Jean C. Roché.

Umschlaggestaltung von Init GmbH, Bielefeld unter Verwendung eines Fotos von Mirpic/Fotolia.com
(Greifvogel) und eines Fotos von dlinca/iStockphoto.com (Kind mit Fernglas).

Unser gesamtes lieferbares Programm und viele
weitere Informationen zu unseren Büchern,
Spielen, Experimentierkästen, DVDs, Autoren und
Aktivitäten finden Sie unter **kosmos.de**

MIX
Papier aus verantwor-
tungsvollen Quellen
FSC® C015829
www.fsc.org

Gedruckt auf chlorfrei gebleichtem Papier

© 2012, Franckh-Kosmos Verlags-GmbH & Co. KG, Stuttgart
Alle Rechte vorbehalten
ISBN: 978-3-440-13139-8
Redaktion: Anna-Maria Bodmer, Jana Raasch
Gestaltungskonzept: Britta Petermeyer
Satz: Walter Typografie & Grafik GmbH
Produktion: Verena Schmynec
Printed in Italy / Imprimé en Italie

Haftungsausschluss:
Alle Angaben in diesem Buch erfolgen
nach bestem Wissen und Gewissen. Sorg-
falt bei der Umsetzung ist indes dennoch
geboten. Der Verlag und der Autor über-
nehmen keinerlei Haftung für Personen-,
Sach- oder Vermögensschäden, die aus der
Anwendung der vorgestellten Materialien
und Methoden entstehen können.

Inhalt

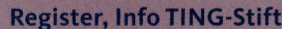

Hallo, liebe Vogelfreundin und lieber Vogelfreund!

In diesem Buch findest du die 66 häufigsten einheimischen Vögel. Sie leben in Städten und Gärten, an Flüssen und Seen, auf Feldern und Wiesen und natürlich im Wald. Darunter sind sehr farbenfrohe Arten, aber auch unscheinbare Vögel. Mit etwas Geduld und einer Prise Glück kannst du die meisten dieser Vögel auch in deiner Nähe entdecken.

Bestimmen leicht gemacht

Die jeweilige **Farbe** am oberen Rand jeder Seite hilft dir bei der Suche nach den verschiedenen Vogelarten. Die unterschiedlichen Farben der Kapitel stehen für bestimmte Größenklassen. Anhand der folgenden Größen sind die Vögel in diesem Buch eingeordnet:

Vögel etwa so groß wie ein Spatz

Vögel etwa so groß wie eine Amsel

Vögel etwa so groß wie eine Elster

Vögel etwa so groß wie eine Graugans

Außerdem findest du auf jeder Seite noch folgende Zeichen:

Der Text neben dieser **Landschaft** verrät dir, wo der Vogel lebt und sich bevorzugt aufhält. Außerdem erfährst du, ob die Vogelart im Winter bei uns bleibt oder in den wärmeren Süden zum Überwintern fliegt.

Damit du nicht nur die ungefähre Größe des Vogels weißt, steht unten auf den Seiten neben dem Größenzeichen jeweils noch die genaue **Größenangabe** in Zentimetern.

Die **farbige Leiste** ganz unten auf der Seite zeigt dir auf einen Blick an, in welchen Monaten du den jeweiligen Vogel beobachten kannst. Der Neuntöter kommt bei uns zum Beispiel von Mai bis September vor, deshalb sind diese Monate farblich markiert.

Vor dem Vogelnamen findest du dieses Zeichen. Wenn du einen TING-Stift hast, kannst du mit dem Stift auf dieses Symbol tippen und dir die jeweilige **Vogelstimme** anhören. Genauere Infos dazu findest du auf Seite 94.

TING-Stift

Wenn Männchen und Weibchen einer Vogelart sehr unterschiedlich aussehen, ist das buntere Männchen abgebildet.
Zusätzliche kleine Zeichnungen und Fotos zeigen Besonderheiten, Weibchen, Jungvögel oder verwandte Arten.

Die hellblauen **Wichtig zu wissen!** -Kästen verraten dir interessante Zusatzinfos über die Vögel. Die grünen **Schau genau!** - und die gelben **Mach mit!** -Kästen geben dir Tipps zum Beobachten und Selbermachen. In den orangefarbenen **Erstaunlich!** -Kästen findest verblüffendes Detailwissen oder Rekorde.

Wie sieht ein Vogel aus?

Ein Vogel hat verschiedene Körperregionen und Federpartien. Jede Vogelart kann aber je nach Alter, Geschlecht oder Jahreszeit auch ganz anders aussehen. Deshalb findest du in den einzelnen Beschreibungen der Vögel manchmal Begriffe **fett** hervorgehoben, die dir anhand der Goldammer auf der nächsten Seite erklärt werden:

Scheitel · · · · · · · · · · ·

Stirn

· · · · · · · · · · Schnabel

Nacken · · · · · · · · ·

Kinn

Kehle

Rücken · · · · · · · ·

Brust

Bauch

Bürzel · · · · · · · ·

Oberschwanzdecken · · · · · · · · ·

Lauf

Schwanz · · · · · · · ·

Endbinde: farblich abgesetzte Binde am Schwanzende

Kehllatz: farbiger Fleck an der Kehle, der aussieht wie ein Lätzchen

Knicksen: wippend in die Knie gehen

Körnerfresserschnabel: dicker, kräftiger Schnabel, der auch harte Samenkörner knackt

Kopfkappe: anders gefärbtes Kopfgefieder oberhalb der Augen

Kulturfolger: Vögel, die sich an das Leben in Städten und Dörfern angepasst haben

Kurzstreckenzieher: Vögel, die im Winter nur bis in den Mittelmeerraum ziehen. Langstreckenzieher fliegen sogar bis nach Zentralafrika.

Quer gebändert: quer verlaufende Streifen

Schlichtkleid: Im Gegensatz zum farbenprächtigen Prachtkleid ist das Schlichtkleid eher unauffällig.

Schwanzspieß: lange Schwanzfedern, die über den Schwanz hinausstehen

Stirnschild: eine kleine Hornplatte auf der Stirn

Unterschwanzdecke: Federn, die unterhalb des Schwanzes liegen

Damit du Vögel gut beobachten kannst, ist ein Fernglas hilfreich. Damit erkennst du auch aus der Entfernung wichtige Merkmale. Schau dir auch vorher die Kopfzeichnung mit den wichtigsten Körperteilen an, damit du weißt, wo zum Beispiel der **Augenstreif** oder der **Überaugenstreif** ist.

Scheitelstreif
Überaugenstreif
Augenstreif
Bartstreif

Und außerdem ...

Du willst nicht nur bestimmen, sondern auch noch Tipps bekommen, was man alles spannendes rund ums Thema Vögel **selbst erleben** kann? Dann schau dir die Seiten 76 bis 91 an. Hier erfährst du beispielsweise, wann du die einzelnen Vögel morgens singen hören kannst oder wie du dir einen Nistkasten baust. Außerdem findest du dort **weitere Infos** über Vögel, zum Beispiel wie du am besten Vögel beobachten kannst oder wie du am Schnabel des Vogels erkennst, was er am liebsten frisst.

Raus in die Natur!

Die meisten Vogelgebiete stehen unter Naturschutz. Hier solltest du unbedingt auf den markierten Wegen bleiben. Viele Naturschutzverbände bieten geführte Vogelwanderungen an. Hier lernst du die gefiederten Freunde am besten kennen.

Lupe

Fernglas

Um Vögel bestimmen zu können, brauchst du außer diesem Buch nicht viel. Vielleicht nimmst du neben dem Fernglas noch eine Lupe mit, um dir beispielsweise Federn genauer ansehen zu können. Und wenn du dir etwas notieren möchtest, brauchst du natürlich noch Stift und Papier.

Nun aber raus in die Natur und viel Spaß beim Bestimmen und selbst Erleben!

Das Wintergoldhähnchen

Das Wintergoldhähnchen ist der kleinste Brutvogel in Europa. Neben der rundlichen Gestalt und dem graugrünen Gefieder fallen die weißliche Flügelbinde und der gelbe, schwarz eingerahmte Scheitelstreif auf. Wintergoldhähnchen turnen in ständiger Bewegung durchs Geäst. Ihre Stimmen zeichnen sich durch ein feines, hohes, auf- und absteigendes „Zi-si, Zi-si, Zi-si" aus.

Erstaunlich!

Mit gerade mal 5 Gramm wiegt das Wintergoldhähnchen so viel wie zwei Stück Würfelzucker. Um seine Körpertemperatur aufrechtzuerhalten, muss das Leichtgewicht ständig fressen. So benötigt es täglich mehr Futter, als es selbst wiegt, damit es nicht verhungert. In langen, schneereichen Wintern wird das für den kleinen Insektenfresser zum Problem. Dann kann es vorkommen, dass ein Großteil der Wintergoldhähnchen stirbt.

Flügelbinde

Scheitelstreif

Das Wintergoldhähnchen ist sehr leicht.

In größeren Fichtenwäldern kannst du diese Winzlinge entdecken. Das Wintergoldhähnchen ist vor allem in Nadelbäumen zu finden. Dort sucht es die äußeren Zweige nach kleinen Insekten ab und baut sein Nest aus Spinnenweben, Moos, Flechten, weichen Federn und Tierhaaren. Im Winter kommt es auch mal ans Futterhäuschen.

Das Wintergoldhähnchen wird 8 bis 9 cm groß.

Das Wintergoldhähnchen kommt ganzjährig vor.

Der Zaunkönig

Der kleine, kugelige Vogel mit braunem quer gebändertem Rückengefieder, weißem **Überaugenstreif** und heller Brust huscht flink wie eine Maus von Gebüsch zu Gebüsch. Seine kurzen Schwanzfedern sind meist steil aufgerichtet. Aus dem Schnabel des Winzlings tönt ein laut schmetternder Gesang, der manchmal auch im Winter zu hören ist.

Der Zaunkönig kommt im Unterholz von Wäldern, Parks und Gärten vor, gerne auch in der Nähe von Wasser. Im dichten Gebüsch sucht er nach kleinen Insekten und Spinnen zum Fressen. Im Winter besucht er auch die Futterstellen.

Zaunkönig im kugelförmigen Nest

Wichtig zu wissen!

Das Zaunkönig-Männchen baut im Frühling mehrere kugelförmige Nester mit einem seitlichen Eingang. Meist sind diese gut versteckt in Holzstapeln, Efeuranken oder in den Baumwurzeln umgestürzter Bäume. Das Weibchen kann sich ein Nest davon aussuchen. Die anderen Nester sind aber nicht umsonst gebaut, sie werden gerne zum Übernachten genutzt. Im Winter teilen sich sogar mehrere Zaunkönige ein Nest. So ist es wärmer und sie sparen wertvolle Energie.

Der Zaunkönig wird 9 bis 10 cm groß.

Der Zaunkönig kommt ganzjährig vor.

| Feb | Mär | Apr | Mai | Jun | Jul | Aug | Sep | Okt | Nov | Dez |

Der Zilpzalp

Unverkennbar singt der Zilpzalp laut seinen eigenen Namen, ein immer abwechselndes „Zilp-zalp, Zilp-zalp". Mit den Augen ist der kleine, unscheinbare Laubsänger schwieriger zu entdecken. Kopf und Rücken sind grünlich grau bis braun gefärbt und gut getarnt. Seine Unterseite ist schmutzig weiß bis gelblich. Meist turnt der Zilpzalp in den äußeren Zweigen von Bäumen und Büschen herum, auf der Suche nach kleinen Insekten.

Schau genau!

Die Zwillingsart zum Zilpzalp ist der Fitis-laubsänger. Er sieht dem Zilpzalp sehr ähnlich, hat aber etwas längere Flügel und helle Beine. Am leichtesten unterscheidest du sie am Gesang. Denn der Fitis hat einen kurzen, melodischen, von der Tonhöhe abfallenden Gesang. Obwohl beide Arten in Wäldern und Gebüschen leben, bauen sie ihr Nest gut versteckt am Boden.

Fitis

Der Zilpzalp kommt häufig in Laubwäldern vor, aber auch in großen Parks, Gärten oder Feldge-hölzen. Er überwintert im Mittelmeerraum und in Nordafrika. Frühestens ab Mitte März ist sein typi-scher Gesang wieder bei uns zu hören.

 **Der Zilpzalp wird 10 bis 12 cm groß.**

Der Zilpzalp kommt von März bis Oktober vor.

| Jan | Feb | Mär | Apr | Mai | Jun | Jul | Aug | Sep | Okt | Nov | |

Der Teichrohrsänger

Mit seinem rötlich braunen Gefieder und der weißlichen Unterseite ist der Teichrohrsänger zwischen den Schilfhalmen bestens getarnt. Dort hüpft er geschickt von Halm zu Halm und sucht nach Insekten, Schnecken und kleinen Spinnen. Am besten siehst du ihn, wenn er zum Singen langsam einen Schilfhalm immer weiter nach oben klettert. Du kannst ihn leicht an seinem kratzenden und knarrenden Gesang erkennen. Er singt rhythmisch „trett trett trett TIRri TIRri trü trü tre tre tre ...".

Erstaunlich!

Die gut 6 000 Kilometer nach Afrika legt der Teichrohrsänger vor allem nachts zurück. Dabei kann er bis zu 450 Kilometer in einer Nacht fliegen. Nachts zu fliegen hat den Vorteil, dass weniger Feinde unterwegs sind und es nicht so warm ist.

Wüste bei Nacht

Der Teichrohrsänger kommt während der Brutzeit ausschließlich in Schilfgebieten von Seen, Teichen, Mooren und langsam fließenden Gewässern vor. Dort baut er ein kunstvolles Nest zwischen die Schilfstängel. Dafür flechtet er zwischen drei bis vier Stängeln ein napfförmiges Nest aus Schilfhalmen und Gras. Sein Überwinterungsgebiet liegt südlich der Sahara.

Der Teichrohrsänger wird 11 bis 12 cm groß.

Der Teichrohrsänger kommt von Mai bis September vor.

Feb	Mär	Apr	Mai	Jun	Jul	Aug	Sep	Okt	Nov	Dez

Die Haubenmeise

Die Haubenmeise ist leicht zu erkennen, denn sie ist die einzige Meise mit einer schwarz-weißen Federhaube. Auch der Rest des Kopfes ist schwarz-weiß gezeichnet. Die schwarze Kehle und der weiße Halsring fallen besonders auf. Die Oberseite ist einfarbig braun, die Unterseite bräunlich weiß. Ihr Gesang besteht aus hohen Rufen und tieferen Trillern: „si si dürr dürr ...". Die einzelnen Töne kommen auch als Rufe vor.

Die Haubenmeise lebt in Nadel- und Mischwäldern, aber auch in Parks und Gärten. Sie ist das ganze Jahr über ortstreu. Im Winter vermischt sie sich auch mit anderen Meisentrupps und kommt zum Fressen gerne an die Futterhäuschen.

Schau genau!

Wie alle Meisen ist auch die Haubenmeise ein Höhlenbrüter. Sie sucht aber nicht nur nach leeren Spechthöhlen oder Astlöchern, sondern pickt sich mit ihrem kleinen Schnabel gerne eine eigene Höhle in ein Stück morsches Holz. In vorgefertigte Nistkästen geht sie nur selten.

Haubenmeise in ihrem Nest

Die Haubenmeise wird 11 bis 12 cm groß.

Die Haubenmeise kommt ganzjährig vor.

Jan	Feb	Mär	Apr	Mai	Jun	Jul	Aug	Sep	Okt	Nov

Die Kohlmeise

Die Kohlmeise ist unsere größte und häufigste Meise. Ihren Namen verdankt sie ihrem schwarzen Kopf, dessen Wangen je ein weißer Wangenfleck ziert. Die Unterseite ist gelb mit einem schwarzen Mittelstreifen. Flügel und Schwanz sind bläulich, der Rücken ist olivgrün. Ihre lauten „Zizidäh-zizidäh"-Rufe kündigen in der Regel den Frühling an.

Erstaunlich!

Kohlmeisen und Blaumeisen sind ziemlich neugierig und erfinderisch, wenn sie an Futter kommen wollen. In England haben sie vor 70 Jahren gelernt, die Aluminiumdeckel der Milchflaschen aufzupicken, um an die leckere Sahne heranzukommen. Außerdem können sie eine Nuss, die an einem Faden an einem Zweig hängt, mit dem Schnabel nach und nach zu sich nach oben ziehen.

Kohlmeise beim Öffnen einer Milchflasche

Überall, wo es Bäume gibt, findest du auch eine Kohlmeise. Wie die Blaumeise brütet sie in natürlichen Höhlen und Nistkästen. Im Winter ist sie ein gern gesehener Gast an Futterhäuschen und Meisenknödeln. Dort vertreibt sie gerne als stärkste und frechste Meise die schwächeren hungrigen Vögel.

Kohlmeise am Meisenknödel

Die Kohlmeise wird 13 bis 15 cm groß.

Die Kohlmeise kommt ganzjährig vor.

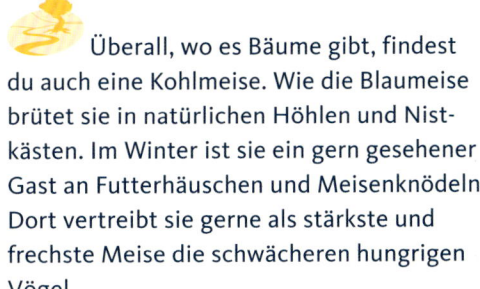

| | Feb | Mär | Apr | Mai | Jun | Jul | Aug | Sep | Okt | Nov | Dez |

Die Blaumeise

Wie der Name schon sagt, hat die kleine Blaumeise ziemlich viel Blau im Gefieder: einen blauweißen Kopf, blaue Flügel und einen blauen Schwanz. Ihre Unterseite ist gelb und der Rücken grünlich. Im Frühling singt die kleine Meise ein helles „Zi-zi-zirrr".

Blaumeise mit Jungvogel

Erstaunlich!

Blaumeisen bekommen ganz viele Jungen. In manchen Jahren, wenn es viel zu fressen gibt, legen sie 9 bis 15 Eier. Dann wird es im Nistkasten ganz schön eng. Um die Jungen großzuziehen, sammeln die Eltern 7 000 bis 8 000 Raupen und andere Insekten.

Blaumeise im Nistkasten

Die Blaumeise kommt fast überall vor. Nur dichte Nadelwälder meidet sie etwas. Als Höhlenbrüter geht sie gerne in aufgehängte Meisenkästen und brütet sogar manchmal in Briefkästen. Im Winter ist sie ein häufiger Besucher an den Futterhäuschen. Meist streift sie dann in kleinen Gruppen durch die Gärten.

Die Blaumeise wird 10 bis 12 cm groß.

Die Blaumeise kommt ganzjährig vor.

Die Schwanzmeise

Ein kleiner schwarz-weiß-bräunlicher Vogel mit einem langen Schwanz und einem kleinen spitzen Schnabel: Das kann nur die Schwanzmeise sein. So turnt sie geschickt an den dünnsten Zweigen, teilweise kopfüber hängend. Die hohen „Tsi-tsi-tsi"-Rufe oder ein schnurrendes „Tschrrrt" kündigen sie oft schon vorher an.

Streifenköpfige Schwanzmeise

Weißköpfige Schwanzmeise

Schwanzmeise am Nest

Die Schwanzmeise brütet vor allem in Laub- und Mischwäldern. Aber auch in Parks und Gärten mit viel Unterholz kommt der kleine Federball vor. Das Nest ist gut getarnt und wird meist niedrig im dichten Gebüsch gebaut. Im Winter kannst du Schwanzmeisen in kleinen Gruppen durch die Gegend ziehen sehen.

Schau genau!

Von der Schwanzmeise gibt es zwei Varianten. Normalerweise siehst du Vögel mit einem schwarz-weiß gestreiften Kopf. Im Winter wandern aber auch aus Ost- und Nordeuropa Schwanzmeisen zu uns ein, die einen rein weißen Kopf haben. Achte mal im Winter darauf, vielleicht entdeckst du neben streifenköpfigen auch weißköpfige Schwanzmeisen. Dann weißt du genau: Diese Vögel kommen von weit her!

Die Schwanzmeise wird 13 bis 15 cm groß.

Die Schwanzmeise kommt ganzjährig vor.

Feb | Mär | Apr | Mai | Jun | Jul | Aug | Sep | Okt | Nov | Dez

Der Gartenbaumläufer

Dank seiner braunweiß gemusterten Oberseite ist es nicht so leicht, den Gartenbaumläufer an einem Baumstamm zu entdecken. Wie eine Maus läuft er ruckartig die Baumstämme hoch, der lange Schwanz dient ihm dabei als Stütze. Mit seinem langen gebogenen Schnabel sucht er zwischen der Rinde nach Insekten.

In lichten Laub- und Mischwäldern, in Streuobstwiesen und Parks findest du den Gartenbaumläufer. Er mag vor allem Bäume mit grober Rinde wie Eichen, Eschen oder Obstbäume. Sein Nest baut der Gartenbaumläufer hinter abstehenden Rindenstücken oder in Stammspalten.

Gartenbaumläufer wechselt den Baum.

Schau genau!

Achte einmal darauf, wie der Gartenbaumläufer am Stamm hochklettert. Er läuft nicht in gerader Linie hoch, sondern spiralförmig immer um den Stamm herum. Oben angekommen, fliegt er wieder an den Stammfuß eines benachbarten Baumes. Normalerweise sind Gartenbaumläufer Einzelgänger, doch im Winter übernachten sie auch zusammengekuschelt in einer Baumspalte.

Der Gartenbaumläufer wird 12 bis 14 cm groß.

Der Gartenbaumläufer kommt ganzjährig vor.

Jan	Feb	Mär	Apr	Mai	Jun	Jul	Aug	Sep	Okt	Nov

Die Heckenbraunelle

Im Frühling kannst du die Heckenbraunelle am leichtesten sehen, wenn sie morgens frei auf einer Buschspitze sitzt. Dann hörst du auch ihren schönen, klirrenden Gesang. Ansonsten ist sie eher unauffällig, genauso wie ihr Gefieder. Der Kopf und die Brust sind blaugrau, während die braun gefleckte Oberseite an einen Spatzen erinnert. Der dünne Schnabel und das Auge sind auffällig schwarz.

Wichtig zu wissen!

Im Gegensatz zu den meisten anderen Vogelarten haben Männchen und Weibchen zur Brutzeit je ein eigenes Revier. Überlappen sich verschiedene Reviere, kann es sein, dass ein Männchen mehrere Weibchen hat oder ein Weibchen zwei Männchen. Letzteres ist bei der Jungenaufzucht sehr praktisch, weil die Jungen dann besonders gut mit Futter versorgt werden.

Heckenbraunelle auf Futtersuche

Wie ihr Name schon sagt, bewohnt die Heckenbraunelle buschige Waldränder, Feldgehölze sowie Hecken in Parks und Gärten. Meist schlüpft sie unauffällig durchs Unterholz und hält sich gerne in Bodennähe auf. Im Winter kommt sie auch ans Futterhaus, verschwindet aber schnell wieder in die sichere Deckung.

Die Heckenbraunelle wird 13 bis 14 cm groß.

Die Heckenbraunelle kommt ganzjährig vor.

| Feb | Mär | Apr | Mai | Jun | Jul | Aug | Sep | Okt | Nov | Dez |

Der Hausrotschwanz

Das Hausrotschwanz-Männchen hat ein schwarzes Gesicht und schwarzes Bauchgefieder. Der Rücken ist aschgrau und auf dem Flügel befindet sich ein helles Feld. Nur der Schwanz ist rostrot und fällt besonders im Flug auf. Das Weibchen hat ein helleres graubraunes Federkleid. Beide wippen und zittern auffällig mit dem Schwanz. Oft kannst du noch vor der Dämmerung das raue, gepresste Lied des Männchens auf dem Hausdach hören. Bei Erregung ruft es laut „teck-teck".

Männchen

Jungvogel

Erstaunlich!

Der Hausrotschwanz ist ein fleißiger Sänger. Im Frühsommer kann er von Sonnenaufgang bis Sonnenuntergang fast ununterbrochen singen, nur am Nachmittag legt er eine Pause ein. Rechnet man die reine Gesangszeit, kommt der Hausrotschwanz auf über sechs Stunden. Stell dir einmal vor, du müsstest sechs Stunden am Tag singen!

Eigentlich ist der Hausrotschwanz ein Bewohner sonniger Felslandschaften. Doch seit die Menschen Burgen, Dörfer und Städte bauen, hat er sich auch in der Ebene angesiedelt. Naturnahe Gärten dienen ihm als Futterquelle mit Insekten und Beeren. Sein Nest siehst du vor allem in Mauernischen oder offenen Garagen. Im Herbst fliegt er in den Mittelmeerraum und überwintert dort.

Der Hausrotschwanz wird 13 bis 14 cm groß.

Der Hausrotschwanz kommt von März bis Oktober vor.

| Jan | Feb | Mär | Apr | Mai | Jun | Jul | Aug | Sep | Okt | Nov | D |

Der Gartenrotschwanz

Das Gartenrotschwanz-Männchen erkennst du leicht: Es hat eine schwarze Kehle, eine weiße Stirn und einen grauen Kopf und Rücken. Die Unterseite ist leuchtend orange. Das Weibchen sieht einem Hausrotschwanz-Weibchen recht ähnlich. Aber im Vergleich zum Hausrotschwanz ist das Gefieder nicht grau-braun sondern orangebraun gefärbt. Der Gartenrotschwanz singt sein kurzes Lied gerne von Baumspitzen.

Männchen im Flug

Weibchen

Schau genau!

Haus- und Gartenrotschwanz sind zwei Arten, die sehr nahe mitei-nander verwandt sind. So kann es dazu kommen, dass sich Männ-chen der einen Art mit Weibchen der anderen Art paaren. Die so entstandenen Jungen haben oft Merkmale von beiden Arten oder beherrschen beide Gesänge.

Der Gartenrotschwanz brütet in Baumhöhlen von lichten Wäldern, Obst-wiesen, Parks und Gärten. Auch Nistkästen nimmt er gerne an. Vor etwa 30 Jahren sind die Bestände deutlich zurückgegangen. Das lag unter anderem daran, dass viele alte Bäume mit ihren natürlichen Höhlen gefällt wurden.

Der Gartenrotschwanz wird 13 bis 14 cm groß.

Der Gartenrotschwanz kommt von April bis September vor.

| Feb | Mär | Apr | Mai | Jun | Jul | Aug | Sep | Okt | Nov | Dez |

Das Rotkehlchen

An seinem orangeroten Gesicht und dem **Kehllatz** sowie den großen dunklen Augen ist das Rotkehlchen leicht zu erkennen. Der Rest des Gefieders ist unscheinbar oliv- bis graubraun. Ständig zuckt es mit Schwanz und Flügeln. Vor allem in der Morgen- und Abenddämmerung kannst du seinen leisen, melodischen, leicht traurigen Gesang hören. Bei Störungen warnt das Rotkehlchen dagegen mit einem scharfen „Zick-zick".

Schau genau!

Junge Rotkehlchen sehen ganz anders aus als ihre Eltern. Sie haben zwar schon die leicht rundliche Gestalt, tragen aber ein rotbraunes Gefieder und sind hell gesprenkelt. Das ist eine prima Tarnung am Boden oder im Gebüsch. Aber schon im Herbst, nach der ersten Mauser (= Gefiederwechsel), bekommen sie auch eine rote Kehle und sehen aus wie ihre Eltern.

Junges Rotkehlchen

Kehllatz

Das Rotkehlchen hält sich gerne in Wäldern mit viel Unterholz sowie in Parks und Gärten auf. Das Nest wird gut versteckt in kleinen Höhlungen nahe dem Boden angelegt. Im Winter siehst du das Rotkehlchen an die Futterhäuschen kommen, wo es die Früchte frisst.

Das Rotkehlchen wird 13 bis 14 cm groß.

Das Rotkehlchen kommt ganzjährig vor.

Jan	Feb	Mär	Apr	Mai	Jun	Jul	Aug	Sep	Okt	Nov	

Der Grauschnäpper

Der Grauschnäpper ist ein unauffälliger Vogel. Er hat einen graubraunen Rücken, eine schmutzig weiße Unterseite und ist an der Brust leicht grau gestrichelt. Das Auge ist auffällig groß und sticht schwarz hervor. So ist der Grauschnäpper bestens getarnt und macht höchstens mit seinen hohen „Tzieht-tzieht"-Rufen auf sich aufmerksam.

Grauschnäpper fängt Fliege

Er kommt in offenen Wäldern mit vielen Lichtungen vor, an Waldrändern, aber auch in Parks, Obstwiesen und Gärten mit alten Bäumen. Hier baut er sein Nest in Halbhöhlen. Im September macht sich der Grauschnäpper auf den langen Weg bis ins südliche Afrika.

Schau genau!

Der Grauschnäpper ist ein Meister im Insektenfang. Meist siehst du ihn auf einer Aussichtswarte sitzen, zum Beispiel einem trockenen Ast, einer Bohnenstange oder einem Zaun. Dort wartet er auf Fliegen, Mücken, Schnaken und Schmetterlinge, denen er geschickt hinterherjagt. Meist kehrt er nach erfolgreichem Fang auf seinen Aussichtsposten zurück.

Grauschnäpper auf seinem Aussichtsplatz

Der Grauschnäpper wird 13 bis 15 cm groß.

Der Grauschnäpper kommt von Mai bis September vor.

| Feb | Mär | Apr | Mai | Jun | Jul | Aug | Sep | Okt | Nov | Dez |

Die Mehlschwalbe

Im Vergleich zur Rauchschwalbe hat die Mehlschwalbe nur einen leicht gegabelten Schwanz, ohne lange **Schwanzspieße**. Die Unterseite ist reinweiß,
genau wie der **Bürzel**, der sich von dem blau schimmernden Rückengefieder
absetzt und im Flug sofort auffällt. Sie ruft kurz „prrt" oder „pripit".

**Mehlschwalbe
im Flug**

Bürzel

Wichtig zu wissen!

Kommt es im April oder Mai noch einmal
zu einem Kälteeinbruch, haben die
Mehlschwalben ein Problem, denn dann
fliegen keine Insekten mehr. Um nicht
zu verhungern, können Mehlschwalben
ihren Energieverbrauch um die Hälfte
verringern, indem sie ihre Körpertemperatur um einige Grad absenken. In dieser
Art Kältestarre können sie ein paar Tage
ohne Nahrung überstehen.

Die Mehlschwalbe kommt etwa zwei bis drei Wochen später
als die Rauchschwalbe aus ihrem afrikanischen Winterquartier zurück.
Auch sie baut ihr Lehmnest gerne in der Nähe von Bauernhöfen mit
Vieh, wo es viele Insekten gibt. Doch sie jagt in größeren Höhen,
oft zusammen mit den Mauerseglern, und fängt kleinere Insekten.

Die Mehlschwalbe wird 13 bis 15 cm groß.

Die Mehlschwalbe kommt von April bis Oktober vor.

| Jan | Feb | Mär | Apr | Mai | Jun | Jul | Aug | Sep | Okt | Nov |

Der Feldsperling

Auf den ersten Blick sieht der Feldsperling dem Spatz recht ähnlich, aber du kannst ihn leicht an seiner braunen **Kopfkappe** und dem schwarzen Ohrfleck erkennen. Er ist auch etwas scheuer als der Spatz. Die Rufe sind nur schwer von denen des Haussperlings zu unterscheiden, er ruft etwas höher „tschip tschip" und im Flug laut „tett ett ett ett".

Schau genau!

Schon im Herbst besetzt der Feldsperling seine Bruthöhle für das nächste Jahr. Bis zur Brutsaison benutzt er sie als sichere Schlafhöhle. Wenn du eine Höhle vom Feldsperling kennst, kannst du im Winter ja mal schauen, ob der Sperling abends zum Schlafen hineinfliegt.

Feldsperling beim Füttern

Der Feldsperling mag es etwas ruhiger als der Spatz und bleibt lieber in Dörfern, Obstwiesen, Feldgehölzen und Bauernhöfen. Hier baut er sich in einer Baumhöhle, einem Nistkasten, unter Dächern oder in Mauerlöchern ein Nest aus Stroh, Heu, Federn und anderem weichen Material. Zwei bis drei Bruten kann der Feldsperling im Jahr großziehen. Im Winter siehst du ihn oft mit Goldammern zusammen.

Der Feldsperling wird 13 bis 14 cm groß.

Der Feldsperling kommt ganzjährig vor.

| Feb | Mär | Apr | Mai | Jun | Jul | Aug | Sep | Okt | Nov | Dez |

Der Haussperling
wird auch Spatz genannt.

Der Haussperling trägt ein aschgraues Gefieder. Beim Weibchen ist es unauffällig graubraun mit dunklen Streifen und beigefarbenen Bändern an den Flügeln, an der Bauchseite weißlich grau. Das Männchen erkennst du an seinem grauen Scheitel mit breiten, kastanienbraunen Streifen, am schwarzen Latz und den weißlichen Halsseiten.

Wichtig zu wissen!

Haussperlinge teilen gern. Sobald ein Tier Nahrung entdeckt hat, lockt es seine Freunde und Verwandten durch Rufe und beginnt erst zu fressen, wenn diese da sind. Große Brocken werden meist mit dem Fuß festgehalten und dann zerkleinert.

Spatzen beim Fressen

Fast überall dort, wo Menschen leben, ob in Dörfern, Vorstädten oder Stadtzentren mit großen Parkanlagen, kann man Haussperlinge beobachten. Ihre Nahrung besteht hauptsächlich aus Samen, Körnern, Knospen oder aus Haushaltsabfällen. Das kugelförmige Nest aus Stroh oder Gras legen die Tiere in Höhlen, Spalten, Nischen an Bauwerken, in Felsen, Erdwänden oder Bäumen an. Sie suchen sich auch ungewöhnliche Nistplätze (wie Straßenlampen oder Baumaschinen).

Der Haussperling wird 14 bis 16 cm groß.

Der Haussperling kommt ganzjährig vor.

| Jan | Feb | Mär | Apr | Mai | Jun | Jul | Aug | Sep | Okt | Nov |

Der Kleiber

An seinem orangeroten Brust- und Bauchgefieder und dem grauen Rücken ist der Kleiber leicht zu erkennen. Sein auffälliger schwarzer Streifen am Auge erinnert etwas an die Augenklappe eines Piraten. Sein Kopf wirkt groß, vor allem wegen seines kräftigen Schnabels, mit dem er leicht harte Samenschalen aufhacken kann. Der Kleiber ist der einzige heimische Vogel, der Baumstämme auch kopfüber herunterlaufen kann. Er ruft laut und kräftig „tuit-tuit-tuit ...".

Mach mit!

Im Winter versteckt der Kleiber gerne Nüsse, Bucheckern und Sonnenblumenkerne als Vorrat in den Ritzen von Bäumen mit grober Borke. Schau dir die Rinde einer Eiche einmal genau an, vielleicht findest du ein paar Vorräte. Seinen Namen verdankt der Kleiber übrigens der Tatsache, dass er die Eingänge von seinen Bruthöhlen mit Lehm so zuklebt, dass ihm keine größeren Vögel den Nistplatz streitig machen können.

Kleiber verkleinert Eingang zur Bruthöhle.

Du findest ihn häufig in Parks, Friedhöfen und Laubwäldern mit alten großen Bäumen, besonders alten Eichen. Im Winter kannst du ihn am Futterhäuschen beobachten, wie er sich Sonnenblumenkerne holt.

Der Kleiber wird 13 bis 14 cm groß.

Der Kleiber kommt ganzjährig vor.

| Feb | Mär | Apr | Mai | Jun | Jul | Aug | Sep | Okt | Nov | Dez |

Die Mönchsgrasmücke

Die männliche Mönchsgrasmücke hat eine schwarze Kappe auf. Der Rest des Gefieders ist einheitlich grau. Das Weibchen trägt eine braune Kappe. Mit ihrem melodischen, flötenden Gesang gehört diese Vogelart zu unseren besten Sängern. Bei Erregung oder Gefahr ruft sie dagegen laut und hart „teck-teck-teck".

Weibchen

Männchen

Wichtig zu wissen!

Seit einigen Jahren gibt es Mönchsgrasmücken, die den Winter nicht mehr im warmen Süden am Mittelmeer verbringen. Diesen Vögeln reicht der milde Winter in Südengland. Das hat den Vorteil, dass sie weniger fliegen müssen und im Frühling viel ausgeruhter im Brutgebiet ankommen. So können sie die besten Brutreviere schon früh besetzen.

In gebüschreichen Wäldern, Parks, Gärten und Feldgehölzen baut die Mönchsgrasmücke ihr Nest in dichtes Gebüsch oder junge Fichten. Von Ende August bis Oktober siehst du sie häufig in Holunderbüschen sitzen und die schwarzen Beeren fressen. Die Beeren sind der richtige „Treibstoff" auf dem Weg in den Mittelmeerraum, wo der Vogel überwintert.

 **Die Mönchsgrasmücke wird 13 bis 15 cm groß.**

Die Mönchsgrasmücke kommt von April bis Oktober vor.

Jan	Feb	Mär	Apr	Mai	Jun	Jul	Aug	Sep	Okt	Nov

Die Rohrammer
wird auch Rohrspatz genannt.

Von der Färbung ähnelt die Rohrammer einem Spatzen. Kopf und Kehle sind schwarz mit einem weißen **Bartstreifen** und weißem Halsband. Die Oberseite ist rotbraun mit schwarzen Streifen, die Unterseite weißlich. Das Weibchen ist am Kopf braun. Im Gegensatz zum Spatz ist der Schnabel klein und zierlich. Meist hörst du die hohen „Zieh"-Rufe aus dem Schilf oder am Ufer.

Wichtig zu wissen!

Rohrammern haben ihre Nester oft am Boden. Kommt ein Nesträuber oder ein Störenfried in die Nähe des Nestes, versucht die Rohrammer, den Feind abzulenken. Plötzlich flattert und hüpft sie mit hängenden Flügeln und mimt ein verletztes Tier. Hat sie den Feind vom Nest weggelockt, fliegt sie wieder munter davon.

Weibchen

Die Rohrammer ist ein typischer Vogel von Gewässern, Sümpfen und Mooren mit ausreichend Schilf und Röhricht. Hier sitzt sie gerne oben an einem Schilfhalm und singt. Im Herbst fliegen die meisten Rohrammern zum Überwintern in den Mittelmeerraum, nur wenige bleiben bei uns.

Männchen

Die Rohrammer wird 13 bis 15 cm groß.

Die Rohrammer kommt von März bis Oktober vor.

| Feb | Mär | Apr | Mai | Jun | Jul | Aug | Sep | Okt | Nov | Dez |

Der Girlitz

Der Girlitz ist der kleinste Finkenvogel. Er ist zwar mit dem Kanarienvogel nah verwandt, sein Gesang hört sich aber eher klirrend oder wie eine rostige Fahrradkette an. Dabei sitzt er frei auf einer Baumspitze, einem Hausdach oder vollführt einen flatterigen Singflug. Am Boden sucht er mit seinem kurzen, dicken Schnabel nach kleinen Samenkörnern. Sein Gefieder ist gelblich mit kräftiger Streifung. Im Flug fällt der leuchtend gelbe **Bürzel** auf.

Bürzel

Girlitz im Flug

Schau genau!

Der Girlitz stammt ursprünglich aus dem Mittelmeerraum. In den letzten 80 bis 200 Jahren hat er sich immer weiter nach Norden ausgebreitet, bis zur Nord- und Ostsee. Im Herbst bilden sich oft kleine Schwärme, die auch mit anderen Finken, wie Hänflinge oder Stieglitze, vermischt sein können.

Sein napfförmiges Nest baut der Girlitz gerne in dichten Nadelbäumen wie Lebensbäumen oder Wacholder. Deshalb kommt er vor allem in Parks, Alleen, Gärten und Friedhöfen vor. Die meisten Girlitze überwintern im Mittelmeerraum, einige bleiben auch in Deutschland.

Der Girlitz wird 11 bis 12 cm groß.

Der Girlitz kommt von März bis Oktober vor.

Jan	Feb	Mär	Apr	Mai	Jun	Jul	Aug	Sep	Okt	Nov

Der Stieglitz
wird auch Distelfink genannt.

Der Stieglitz ist richtig schön bunt gefiedert. Er hat einen rot, weiß und schwarz gefärbten Kopf. Der Rücken ist braun und die schwarzen Flügel zeigen ein leuchtend gelbes Feld, das besonders im Flug auffällt. Seinen Namen Stieglitz verdankt er seinem markanten Ruf „stie-ge-litt".

Zur Brutzeit kommt er in Dörfern, Parks und Friedhöfen mit hohen Bäumen vor, aber auch in Streuobstwiesen und Alleen. Den Rest des Jahres siehst du den Stieglitz meist in kleinen Gruppen umherstreifen, vor allem auf der Suche nach Distelsamen. Mitunter hängen die Vögel dann kopfüber an den Samenständen.

Schau genau!

Wenn du einen Schwarm Stieglitze beim Fressen beobachtest, achte einmal darauf, ob alle Vögel nach Samen picken. Denn mindestens einer hält Ausschau nach Feinden. Das ist praktisch für die Gruppe, denn so können die anderen in Ruhe fressen. Natürlich wechselt der Wächter regelmäßig, damit alle zum Fressen kommen.

Schwarm Stieglitze

Der Stieglitz wird 12 bis 14 cm groß.

Der Stieglitz kommt ganzjährig vor.

| Feb | Mär | Apr | Mai | Jun | Jul | Aug | Sep | Okt | Nov | Dez |

Der Bergfink

An Größe und Gestalt sieht der Bergfink dem Buchfink
sehr ähnlich. Das Männchen hat aber einen schwarzen
oder grauschwarzen Kopf und einen weißen Bauch.
Das Weibchen ist ähnlich gefärbt, hat aber einen helleren

Bergfink im Flug

grauen Kopf. An der
orangefarbenen Brust
ist der Bergfink leicht
zu erkennen. Im Flug
fällt das leuchtend weiße
Feld von **Bürzel** und Rücken
sofort ins Auge. Auch der
Ruf unterscheidet ihn deutlich
vom Buchfink, er ruft ein
quäkendes „Äähng".

Männchen

Weibchen

Bergfinken
brüten in Skandinavien und im
nördlichen Russland in lockeren Nadel-
und Birkenwäldern. Ab Oktober wandern
sie nach Mitteleuropa, wo sie den Winter
verbringen. Dort suchen sie gerne Bucheckern, kommen aber auch gelegentlich
ans Futterhäuschen, wo sie am liebsten
Sonnenblumenkerne fressen.

Schau genau!

Es gibt Jahre, da tragen die
Buchen besonders
viele Bucheckern.
Von diesen Wald-
gebieten werden
die Bergfinken
zu Hunderttau-
senden angezogen.
Buchecker
Besonders abends gibt es ein
Riesenspektakel, wenn sich die
vielen Schwärme in nur wenigen
Schlafbäumen zusammenfinden.
Dann bildet sich ein riesiger
Schwarm, der wie eine schwarze
Wolke den Himmel bedeckt.

Der Bergfink wird 14 bis 16 cm groß.

Der Bergfink kommt von Oktober bis April vor.

| Jan | Feb | Mär | Apr | Mai | Jun | Jul | Aug | Sep | Okt | Nov |

Der Buchfink

Einer unserer häufigsten und hübschesten Vögel ist der Buchfink. Oberkopf und Nacken sind graublau, das Gesicht, Brust und Bauch rostrot. Die schwarzen Flügel haben zwei weiße Binden und der Rücken ist braun. Der Gesang hört sich so an wie: „Bin ich nicht ein schöner Bräutigam?" Sonst ruft er oft „pink". Das Weibchen ist insgesamt blasser und brauner gefärbt.

Erstaunlich!

Auch bei Vögeln gibt es Dialekte. Da der Buchfink in ganz Europa verbreitet ist, haben sich im Laufe der Zeit in unterschiedlichen Regionen verschiedene Buchfinkengesänge und -rufe entwickelt. Ein Buchfinken-Experte kann also genau bestimmen, woher der Vogel kommt, wenn er ihn singen oder rufen hört.

Weibchen

Männchen

Der Buchfink kommt in allen Wäldern häufig vor, aber auch in Parks, Friedhöfen und Gärten mit ein paar großen Bäumen. Im Winter bilden sich oft große Schwärme, die im Wald nach Bucheckern, Samen und Früchten suchen. Sie kommen aber auch gerne ans Futterhäuschen.

Der Buchfink wird 14 bis 16 cm groß.

Der Buchfink kommt ganzjährig vor.

Feb   Mär   Apr   Mai   Jun   Jul   Aug   Sep   Okt   Nov   Dez

Der Grünling
wird auch Grünfink genannt.

Wie sein Name schon sagt, ist der Grünling vor allem grün gefärbt. Die Männchen haben eher gelblich graugrüne Federn, die Weibchen ein blasseres braungrünes Gefieder. Das gelbe Flügelfeld und den dicken Schnabel haben beide. Der Gesang erinnert mit seinen trillernden und zwitschernden Tönen ein wenig an einen Kanarienvogel. Ansonsten ruft der Grünling gerne quäkend „dschwäää".

Schau genau!

An den Schnäbeln der Vögel kannst du meist leicht erkennen, was sie fressen. Der dicke, klobige Schnabel des Grünlings ist gut geeignet, um größere Samen wie Sonnenblumenkerne und Bucheckern zu knacken oder um Früchte und Beeren zu fressen.

Weibchen an Hagebutten

Der Grünling ist ein häufig vorkommender Vogel in Parks, Gärten, Dörfern und an Waldrändern. Er baut sein Nest gerne in dichten Nadelbäumen und -büschen, meist in mehr als zwei Metern Höhe. Im Winter bilden sich oft kleinere Schwärme, die auch gemeinsam an die Futterhäuschen kommen.

Der Grünling wird 14 bis 16 cm groß.

Der Grünling kommt ganzjährig vor.

Der Gimpel
wird auch Dompfaff genannt.

Ein gemütlicher, dicklicher Vogel mit hell-
rotem Brust- und Bauchgefieder, einer
schwarzen Kopfplatte und einem schwarzen
Gesicht – das kann nur der Gimpel sein. Der
Rücken ist grau und im Flug leuchtet ein
weißer **Bürzel** auf. Besonders auffällig ist
noch der dicke Körnerfresserschnabel. Das
Weibchen ist etwas blasser gefärbt und hat
ein hellbraunes Brust- und Bauchgefieder.
Mit weichen „Djüh"- oder „Bit-bit"-
Rufen halten die Gimpel untereinander
Kontakt.

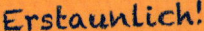

Erstaunlich!

Früher wurden Gimpel gerne wie Kanarien-
vögel in Käfigen gehalten. Nicht nur wegen
ihres schönen Gefieders, sondern auch
wegen ihres Gesangs. Denn junge Gimpel
sind sehr lernfähig. In der Natur lernen sie
die Strophen von ihren Eltern. Wird ein
junger Gimpel aber mit der Hand aufgezo-
gen, kann er
ein bis zwei
Melodien
und ganze
Liederstro-
phen lernen,
die ihm
sein Pfleger
vorpfeift.

Gimpel

In gebüschreichen
Nadel- und Mischwäldern,
Friedhöfen, Parks und Gärten
ist der Gimpel im Sommer zu
Hause. Während der Brutzeit
verhält er sich sehr unauffällig,
sodass man ihn kaum sieht.

Der Gimpel wird 16 bis 17 cm groß.

Der Gimpel kommt ganzjährig vor.

Der Kernbeißer

Du erkennst den Kernbeißer sofort an seinem kräftigen, dicken Schnabel und seiner Größe. Das Männchen hat einen orangebraunen Kopf und ein graues Nackenband. Die Kopffärbung des Weibchens ist etwas blasser. Die schwarz-weißen Flügel und das weiße Schwanzende sind im Flug gut zu erkennen. Der Gesang ist sehr leise und kaum zu hören, dafür ruft er sehr laut ein scharfes „Zick".

Kernbeißer im Flug

Erstaunlich!

Mit seinem dicken Schnabel kann der Kernbeißer ungeheuren Druck ausüben. Außerdem hat er scharfe Schneidkanten im Schnabel und knackt damit mühelos zum Beispiel Kirschkerne auf. Dabei erzeugt er einen Druck von bis zu 70 kg. Vielleicht hast du schon mal aus Versehen auf einen Kirschkern gebissen, dann weißt du sicherlich, wie hart er ist.

Kernbeißer beim Knacken eines Kerns

Der Kernbeißer brütet in Parks, Laub- und Mischwäldern. Im Sommer verbringt er die meiste Zeit in den Baumkronen und kommt nur zum Trinken auf den Boden. Am besten kannst du den Kernbeißer im Winter beobachten, wenn er in den Bäumen nicht von Laub verdeckt ist und zum Fressen an die Futterstellen kommt.

Der Kernbeißer wird 17 bis 18 cm groß.

Der Kernbeißer kommt ganzjährig vor.

| Jan | Feb | Mär | Apr | Mai | Jun | Jul | Aug | Sep | Okt | Nov |

Die Goldammer

Der intensiv gelbe Kopf und die gelbe Unterseite geben der Goldammer ihren Namen. Der **Bürzel** ist rostrot, der Rücken braun gestreift. Über die Brust zieht sich ein braunes Band. Das Weibchen ist blasser und nicht so intensiv gelb gefärbt. Auffällig ist der klirrende Gesang, der gerne mit den Worten „Ich, ich, ich hab dich so lieeeeb" umschrieben wird.

Goldammer im Schnee

Unsere häufigste Ammer findest du auf offenen Heiden, Wiesen- und Ackerflächen mit Büschen und Hecken. Aber auch auf großen Waldlichtungen fühlt sie sich zu Hause. Ihr Nest liegt versteckt am Boden. Im Winter bilden sich kleine Schwärme, die gerne in der Nähe von Feldscheunen und Bauernhöfen bleiben. Hier finden sie noch genügend Körner von der Getreideernte.

Mach mit!

Ist dir schon einmal aufgefallen, dass viele Vögel um die Mittagszeit nicht mehr singen? Versuch mittags einmal nach Vogelstimmen zu lauschen. Du wirst feststellen, dass sich viele Vögel ein schattiges Plätzchen suchen und eine Pause vom Singen machen. Bis auf die Goldammer: Sie singt auch während der größten Hitze.

Die Goldammer wird 16 bis 17 cm groß.

Die Goldammer kommt ganzjährig vor.

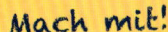

| Feb | Mär | Apr | Mai | Jun | Jul | Aug | Sep | Okt | Nov | Dez |

Die Nachtigall

Die Nachtigall gilt als einer der besten Sänger unserer Vogelwelt. Trotz des Namens kannst du ihrem lauten, melodischen Gesang auch morgens oder abends lauschen. Sie lebt im dichten Gebüsch, deshalb ist sie selten zu sehen. Im Gegensatz zu ihrem Gesang ist das Gefieder sehr unscheinbar: Die Oberseite ist einfarbig rotbraun, mit rostrotem Schwanz, die Unterseite ist weißlich, mit bräunlicher Brust.

Nachtigall im Flug

Du findest die Nachtigall in dichten Gebüschen von Parks, Waldrändern, Flussufern, Gräben und Auwäldern. Sie lebt gerne in der Nähe von Gewässern und anderen feuchten Standorten, dort bleibt sie meist gut versteckt im Dickicht. Ihr Nest baut sie am Boden. Im Herbst zieht sie zum Überwintern ins südliche Afrika.

Erstaunlich!

Obwohl sie die wenigsten je gesehen haben, ist die Nachtigall dank ihres Gesanges einer der bekanntesten Vögel. Der Gesang besteht aus mehreren „Strophen", bei denen Einzel- und Doppeltöne aneinandergereiht sind. Häufig werden gegen Ende Teile rhythmisch wiederholt. Dabei entsteht das sogenannte „Schlagen".

Singende Nachtigall

 **Die Nachtigall wird 16 bis 17 cm groß.**

Die Nachtigall kommt von April bis September vor.

| Jan | Feb | Mär | Apr | Mai | Jun | Jul | Aug | Sep | Okt | Nov |

Die Wiesenschafstelze

An der leuchtend gelben Unterseite und dem grünlichen Rücken kannst du die Wiesenschafstelze leicht von der Bachstelze unterscheiden. Der Kopf ist grau und hat einen weißen **Überaugenstreif**. Im Frühjahr und im Herbst siehst du sie oft in kleinen Trupps, abends sammeln sie sich in großen Schlafgemeinschaften im Schilf. Beim Auffliegen ruft die Wiesenschafstelze weich „psieh".

Überaugenstreif

Wiesenschafstelze im Flug

Schau genau!

Neben der Wiesenschafstelze gibt es in Europa noch andere sehr ähnliche Arten. Sie unterscheiden sich an der Kopfzeichnung. Wenn du genau hinschaust, kannst du vielleicht im Frühling auch eine Nordische Schafstelze entdecken, die auf dem Weg nach Skandinavien ist. Sie hat keinen Überaugenstreif und das Grau am Kopf ist dunkler.

Nordische Schafstelze

Der Name Wiesenschafstelze verrät, wo du sie am ehesten finden kannst: auf feuchten, kurzgrasigen Wiesen oder Viehweiden, wo sie gerne neben Kühen oder Schafen umhertrippelt und aufgescheuchte Insekten fängt. Ihr Nest baut sie am Boden, gut versteckt zwischen Grasbüscheln, oder auch in Raps-, Rüben- und Getreidefeldern.

Die Wiesenschafstelze wird 15 bis 16 cm groß.

Die Wiesenschafstelze kommt von April bis September vor.

| Feb | Mär | Apr | Mai | Jun | Jul | Aug | Sep | Okt | Nov | Dez |

Die Bachstelze

Mit kleinen trippelnden Schritten läuft die Bachstelze umher. Dabei wackelt sie mit dem Kopf und wippt oft mit ihrem langen Schwanz. Das Gefieder ist schwarz-weiß und grau. Auffällig sind der schwarze **Kehllatz**, die schwarze **Kopfkappe** und die weiße Gesichtsmaske. Im wellenförmigen Flug ruft sie „zli-ipp" oder „ziwlitt".

Wichtig zu wissen!

Der Name Bachstelze passt eigentlich viel besser zur Gebirgsstelze, denn sie lebt an sauberen, schnell fließenden Bächen und kleinen Flüssen. Hier baut sie ihr Nest in die Uferböschung oder in Höhlungen von Brücken. Du erkennst sie leicht an ihrem blaugrauen Rücken und Kopf, der gelben Unterseite und dem gelben Bürzel. Das Männchen hat im Gegensatz zum Weibchen eine schwarze Kehle.

Gebirgsstelze

Die Bachstelze ist ein **Kulturfolger**, der gerne in der Nähe von menschlichen Siedlungen wohnt. Hier baut sie ihr Nest in Nischen und Halbhöhlen, zum Beispiel in Holzstapeln oder unter dem Dach des Gartenhäuschens. Im Oktober ziehen die meisten Bachstelzen ans Mittelmeer, einige bleiben im Winter in warmen Gegenden auch hier.

 Die Bachstelze wird 17 bis 19 cm groß.

Die Bachstelze kommt von März bis Oktober vor.

Jan	Feb	Mär	Apr	Mai	Jun	Jul	Aug	Sep	Okt	Nov

Der Neuntöter
wird auch Rotrückenwürger genannt.

Das Männchen hat einen grauweißen Kopf mit einer schwarzen Gesichtsmaske. Am schwarzen, hakenförmigen Schnabel erkennst du, dass er ein Fleischfresser ist. Neben der rotbraunen Oberseite und der leicht rosafarbenen Brust fällt im Flug das schwarz-weiße Schwanzmuster auf. Das Weibchen ist blasser gefärbt, hat keine schwarze Maske und hat eine gebänderte Unterseite. Am häufigsten hörst du ein heiseres „Dschääh" oder ein scharfes „Teck-teck".

Erstaunlich!

Hat der Neuntöter mehr gefangen, als er fressen oder an seine Jungen verfüttern kann, spießt er die überschüssige Beute auf Dornen auf. So hat er auch bei schlechtem Wetter genug zu fressen. Früher glaubte man, er würde erst neun Beutetiere aufspießen, bevor er anfängt zu fressen. Seiner Angewohnheit, auf diese Weise Vorräte anzulegen, verdankt er seinen Namen.

Männchen

Männchen im Flug

Erst im Mai kommen die Neuntöter aus ihrem weit entfernten Winterquartier im südlichen Afrika zurück. Sie brüten in offenen Landschaften mit Hecken und Gebüschen. Auf erhöhten Plätzen wie Buschspitzen oder Pfosten halten sie nach Insekten Ausschau, aber auch Mäuse, Jungvögel oder Eidechsen stehen auf ihrem Speiseplan.

Weibchen

Der Neuntöter wird 17 cm groß.

Der Neuntöter kommt von Mai bis September vor.

| | Feb | Mär | Apr | Mai | Jun | Jul | Aug | Sep | Okt | Nov | Dez |

 # Die Feldlerche

Das Gefieder der Feldlerche ist auf der Oberseite erdfarben graubraun mit dunkler Zeichnung, die Brust ist gelblich weiß mit schwarzbraunen Streifen. Auffällig sind der lange Schwanz mit weißen Außenkanten und die kurze struppige Haube am Kopf, die sich bei Erregung aufrichtet.

Mach mit!

Ab April kannst du auf Feldern und Äckern den wunderschönen Ruf der Feldlerche („trieh" oder „trilie") hören. Vielleicht hast du ja einen Kassettenrekorder oder etwas Ähnliches und kannst mal versuchen, den Ruf der Feldlerche aufzunehmen. Was kannst du noch für Rufe hören und erkennen?

Nest am Boden

Als Brutgebiet nutzt die Feldlerche offene Landschaften mit Feldern, Wiesen, Brachen und einzelnen Bäumen oder Büschen, in denen es ausreichend Nahrung (Insekten, Würmer, Schnecken, Samen, Pflanzenteile) gibt. Das Nest aus Grashalmen und Wurzeln wird am Boden in einer Mulde zwischen Pflanzen angelegt. Leider gibt es nicht mehr so viele Feldlerchen wie früher, da Felder und Äcker intensiv bewirtschaftet und die Böden mit giftigen Unkraut- und Schädlingsbekämpfungsmitteln gesprüht werden.

Die Feldlerche wird 16 bis 18 cm groß.

Die Feldlerche kommt von März bis September vor.

Der Eisvogel

Der Eisvogel ist einer unserer schönsten heimischen Vögel. Sein türkisblau schimmerndes Rückengefieder und die rostrote Unterseite mit dem dolchartigen Schnabel machen ihn unverkennbar. Trotzdem ist der heimliche Fischjäger nicht leicht zu entdecken. Aber mit einem durchdringenden kurzen Pfiff „ziii" macht er auf sich aufmerksam.

Eisvogel im Sturzflug

Wichtig zu wissen!

Die Fischchen fängt der Eisvogel im Sturzflug. Auf einem Ast über dem Wasser wartet er geduldig, bis unter ihm ein kleiner Fisch vorbeischwimmt. Dann stürzt er sich mit angewinkelten Flügeln wie ein Pfeil ins Wasser, schnappt den Fisch und fliegt zurück auf den Ast. Dort schlägt er den Fisch gegen den Ast und schluckt ihn dann Kopf voran hinunter.

Eisvogel mit Beute

An vielen klaren Bächen und Flüssen kommt der Eisvogel noch vor. In einer Steilwand am Ufer gräbt er eine ca. ein Meter lange Bruthöhle in die Erde. Im Winter lebt er auch an kleineren Gewässern und Teichen, sogar in Parks.

Der Eisvogel wird 17 bis 19 cm groß.

Der Eisvogel kommt ganzjährig vor.

Der Mauersegler

Den Mauersegler kannst du fast immer in der Luft beobachten. Mit seinen schmalen, sichelförmigen Flügeln und dem gegabelten Schwanz ist er ein perfekter Flieger. Er erinnert etwas an Schwalben, ist aber größer und hat bis auf eine helle Kehle ein schwarzes Gefieder. Die Beine sind so kurz, dass er damit kaum laufen kann.

Erstaunlich!

Der Mauersegler verbringt die meiste Zeit seines Lebens in der Luft, sogar im Schlaf. Dafür fliegt er abends bis zu 3 000 Meter hoch in die Luft. Dann segelt er die meiste Zeit. Er muss nur wenig mit den Flügeln schlagen, um ab und zu wieder an Höhe zu gewinnen. Bei Windstille segelt er in großen spiralförmigen Bahnen, um sich nicht so weit vom Ausgangspunkt zu entfernen.

Mauersegler im Segelflug

 Eigentlich brütet der Mauersegler in Felsspalten und Baumhöhlen. Aber heute lebt er meist unter den Dächern in den Städten und hat sich an das Leben in der Nähe der Menschen angepasst. Du kannst ihn gut dabei beobachten, wie er rasant durch die Häuserschluchten saust und schrill „srii–srii" ruft.

 **Der Mauersegler wird 17 bis 19 cm groß.**

Der Mauersegler kommt von Mai bis August vor.

| Jan | Feb | Mär | Apr | Mai | Jun | Jul | Aug | Sep | Okt | Nov | |

Die Rauchschwalbe

Im Flug fallen die langen **Schwanzspieße** dieses eleganten Fliegers auf. Das Rückengefieder der Rauchschwalbe ist glänzend metallisch blau, der Bauch weiß. Stirn und Kehle sind auffällig dunkelrot. Im Sommer kannst du ihr schnelles, raues Zwitschern und ihren Flugruf „witt" in den Dörfern hören.

Schwanz-spieße

Rauchschwalbe im Flug

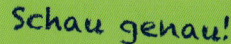 Im April kehren die Rauchschwalben aus ihren afrikanischen Winterquartieren zurück. Sie brüten dann bei uns gerne in Bauernhöfen, wo Kühe und Schweine viele Fliegen anziehen. Im Herbst sammeln sie sich für die Reise nach Afrika häufig auf Leitungsdrähten und im Schilf.

Schau genau!

Wie die Mehlschwalbe baut auch die Rauchschwalbe ein Nest aus Lehm. Du kannst sie dabei beobachten, wie sie in kleinen Pfützen mit dem Schnabel Lehmklümpchen sammelt. Doch während die Mehlschwalbe ihr Nest außen an Hauswänden anbringt, findest du die Rauchschwalbennester fast ausschließlich in Gebäuden und vor allem in Ställen. Schau genau hin, dann findest du bestimmt ein Nest!

Die Rauchschwalbe wird 18 bis 20 cm groß.

Die Rauchschwalbe kommt von April bis Oktober vor.

| | Feb | Mär | Apr | Mai | Jun | Jul | Aug | Sep | Okt | Nov | Dez |

 # Der Star

Der Star hat ein schwarzes bis grünviolett metallisch glänzendes Gefieder. Nach dem Gefiederwechsel im Herbst zeigen die neuen Federn eine weiße Spitze. Daher hat der Star seinen Namen, denn die weißen Spitzen sehen aus wie Sterne. Er wird dann auch Perlstar genannt. Bis zum Frühling haben sich die weißen Spitzen abgenutzt und das Gefieder ist einheitlich schwärzer. Der Schnabel leuchtet gelb.

Schau genau!

Von Weitem sehen sich Star und Amsel recht ähnlich. Achte aber einmal darauf, wie sie über die Wiese laufen: Die Amsel hopst mit beiden Beinen, während der Star einen Fuß vor den anderen setzt und dabei mit dem Kopf wackelt. Der Star kann übrigens den Gesang anderer Vögel recht gut nachmachen. Also nicht wundern, wenn im Garten scheinbar ein Bussard ruft.

Großer Schwarm

In nicht so dicht gedrängten Wäldern, Parks und Gärten ist der Star zu Hause, wenn es dort Bäume mit geeigneten Bruthöhlen gibt. Meist ist es eine alte Spechthöhle oder ein Nistkasten. Im Herbst bilden sich große Schwärme aus oft mehreren Tausend Vögeln, die zum Überwintern in den Mittelmeerraum fliegen. Einige Stare bleiben in der kalten Jahreszeit auch bei uns, meist in den wärmeren Großstädten.

 Der Star wird 19 bis 22 cm groß.

Der Star kommt von Februar bis November vor.

Der Buntspecht

An seinem schwarz-weißen Gefieder mit den knallroten **Unterschwanzdecken** erkennst du den Buntspecht. Das Männchen hat zusätzlich noch einen roten Fleck im Nacken. Im Frühling markiert er mit kurzen Trommelwirbeln auf morschem Holz sein Revier. Sonst hörst du meist nur ein kurzes „Kicks-kicks".

Unterschwanzdecke

Erstaunlich!

Die Schnabelhiebe auf das harte Holz haben beim Specht keine Kopfschmerzen zur Folge. Der Schädel ist besonders dick und robust. Außerdem ist der Schnabel federnd mit dem Schädel verbunden.

Buntspecht beim Hämmern

Unser häufigster Specht kommt in allen Wäldern und Parks vor. Mit seinem kräftigen Schnabel zimmert er seine Bruthöhle in den Baumstamm. Wenn er nicht am Bauen ist, hämmert er mit dem Schnabel Insektenlarven aus dem morschen Holz, öffnet damit Nüsse oder pult Samen aus den Tannenzapfen, die er vorher in einer Baumritze eingeklemmt hat. Im Winter kommt er auch an die Futterhäuschen.

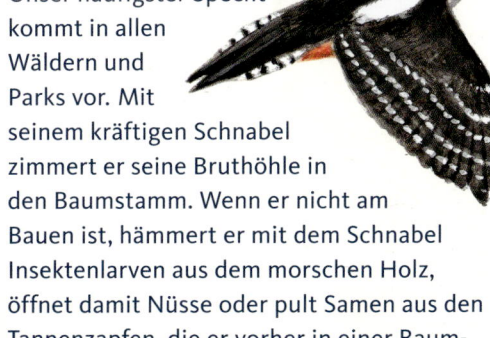

Der Buntspecht wird 23 bis 24 cm groß.

Der Buntspecht kommt ganzjährig vor.

Die Singdrossel

Die Singdrossel ist eine kleine unauffällige Drossel. Mit ihrem braunen Rücken und der hellen Unterseite mit den schwarzen Tupfen ist sie prima getarnt. Ihr Gesang ist wunderschön und leicht zu erkennen, denn die Singdrossel wiederholt ihre kurzen Strophen immer zwei- bis dreimal.

Wichtig zu wissen!

In den letzten 150 Jahren hat eine weitere Drossel unsere Parks, Friedhöfe und Wälder besiedelt, die lautstarke Wacholderdrossel. Aus Sibirien kommend hat sie in kurzer Zeit fast ganz Europa erobert. Mit ihrem grauen Kopf und Bürzel, dem kastanienbraunen Rücken und Flügel und der orangebraun gestrichelten Brust ist sie unsere bunteste und geselligste Drossel, die oft große Schwärme bildet.

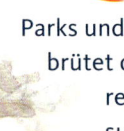

Wacholderdrossel

Die Singdrossel öffnet Schneckenhäuser an einem Stein („Drosselschmiede").

In Wäldern, Parks und auf Friedhöfen brütet die Singdrossel regelmäßig. Sie sucht unauffällig an Waldrändern und Hecken nach Nahrung. Im Oktober fliegt sie zum Überwintern nach West- und Südeuropa und kommt im März wieder zurück.

Die Singdrossel wird 20 bis 22 cm groß.

Die Singdrossel kommt von März bis Oktober vor.

Die Wasseramsel

Die Wasseramsel sieht aus wie eine Amsel mit kurzem Schwanz und kurzen Flügeln. Sie ist an der weißen Brust und Kehle leicht zu erkennen. Der Kopf und der Bauch sind braun. Im Sitzen macht sie oft wippende oder knicksende Bewegungen. Mit schnellen Flügelschlägen fliegt sie flach über das Wasser. Der helle, zwitschernde Gesang ist wegen des Wasserrauschens kaum zu hören.

Erstaunlich!

Die Wasseramsel kann als einziger Singvogel tauchen und sogar unter Wasser auf dem Bachgrund laufen. Durch ihre Körperhaltung und Flügelstellung wird sie von der Strömung auf den Boden gedrückt. Sonst schwimmt sie unter Wasser mit rudernden Bewegungen der Flügel. Sie kann bis zu 30 Sekunden unter Wasser bleiben und nach Insektenlarven suchen.

Wasseramsel am Bach

Die Wasseramsel lebt an sauberen, schnell fließenden, steinigen Bächen und Flüssen. Sie sitzt gerne am Ufer oder auf Steinen mitten im Wasser. Ihr kugeliges Nest baut sie gut versteckt in Halbhöhlen in der Uferböschung oder unter Brücken. Spezielle Nisthilfen werden von der Wasseramsel gerne angenommen.

Die Wasseramsel wird 17 bis 20 cm groß.

Die Wasseramsel kommt ganzjährig vor.

Die Amsel

Die männliche Amsel hat ein einheitlich pechschwarzes Federkleid und einen leuchtend gelben Schnabel. Dagegen ist das Weibchen eher unscheinbar braun gefärbt. Das Gefieder ist bei der Amsel zwar nicht so hübsch, dafür zählt sie zu unseren schönsten und melodischsten Sängern. Im Winter hörst du ihre schnellen „Tick-tick"-Rufe.

Amsel beim Brüten

Schau genau!

Amseln sind Meister im Nestbau. Zuerst wird ein napfförmiger Rohbau aus Wurzeln, Halmen und Moos angefertigt. Dann kleidet der Vogel das Ganze mit feuchter Erde und Lehm aus, sodass ein richtig hartes und stabiles Nest entsteht, wenn die Erde trocknet. Zuletzt polstert sie mit einer Schicht feiner weicher Halme die Nestmulde aus. Die Nester werden meist in dichtem Gebüsch angelegt, kommen aber auch in einem Balkonkasten oder in einer offenen Garage vor. Vielleicht findest du ja eines bei euch in der Garage!

Eigentlich ist die Amsel ein scheuer Waldvogel, doch vor ca. 150 Jahren ist sie langsam in unsere Dörfer und Städte eingewandert und zählt jetzt zu unseren häufigsten Brutvögeln.

Die Amsel wird 24 bis 29 cm groß.

Die Amsel kommt ganzjährig vor.

Jan | Feb | Mär | Apr | Mai | Jun | Jul | Aug | Sep | Okt | Nov

Der Kiebitz

Das auffälligste Merkmal des Kiebitz' ist seine lange, dünne Haube auf dem Kopf (auch „Federholle" genannt). Gesicht, Kehle und Brust sind schwarz, die Kopfseiten weiß. Die Federn der Oberseite schillern grünlich oder violett, der Bauch ist weiß. Du erkennst ihn schon von Weitem an seinem langsamen Flug und an seinen breiten Flügeln. Zur Brutzeit vollführt er damit akrobatische Flugkunststücke oder vertreibt so energisch seine Feinde. Seinen Namen verdankt er seinem typischen Ruf „kie-witt".

Schau genau!

Bei Kiebitzen kannst du manchmal das sogenannte „Fußtrillern" beobachten: Dabei trommelt der Kiebitz mit dem Fuß auf den Boden und versucht damit, Würmer aus dem Boden zu locken. Deshalb sieht man sie auch oft auf frisch gepflügten Äckern, in der Hoffnung, den ein oder anderen Leckerbissen zu erhaschen.

.... **Federholle**

Früher war der Kiebitz auf Feuchtwiesen, Weiden, Mooren und ähnlichen offenen Grünflächen mit kurzem Gras weit verbreitet. Da diese seltener geworden sind, brütet er auch oft auf Ackerland. Leider wird das Nest durch die frühe Ernte oder den starken Maschineneinsatz oft zerstört. Der Kiebitz bleibt nur kurze Zeit in seinem Winterquartier. In wärmeren Gebieten an der Küste bleibt er auch das ganze Jahr.

Kiebitzschwarm

Der Kiebitz wird 28 bis 31 cm groß.

Der Kiebitz kommt von März bis November vor.

Feb	Mär	Apr	Mai	Jun	Jul	Aug	Sep	Okt	Nov	Dez

Der Grünspecht

Der Grünspecht hat eine vorwiegend grüne Oberseite, eine kräftige rote **Kopfkappe** und eine schwarze Augenmaske. Das Männchen hat einen roten, schwarz umrandeten Bartstreif. Beim Weibchen ist der Bart einfarbig schwarz. Im Frühling ruft er laut lachend „kjü kjü kjü kjü kjü". Trommelgeräusche wie beim Buntspecht hörst du dagegen nur selten. Oft wird der Grünspecht auch als Erdspecht bezeichnet, weil er häufig auf dem Boden sitzt, um Ameisen zu erbeuten.

Wichtig zu wissen!

Die Hauptnahrung des Grünspechts sind Ameisen. Dabei kommt seine lange Zunge zum Einsatz, die mit ihren 10 cm weit in die Ameisengänge reinreicht. Auch im Winter wollen die Grünspechte nicht auf ihre Lieblingsspeise verzichten und graben schon mal einen Tunnel in den Schnee, um an einen Ameisenhaufen ranzukommen.

Ameisenhaufen

Der Grünspecht mag lichte Wälder, alte Obstwiesen, Parks oder Gärten mit alten Bäumen. Beim Nestbau ist der Grünspecht recht bequem. Entweder versucht er, eine alte verlassene Höhle zu finden oder er hackt eine neue in möglichst morsches Holz.

Der Grünspecht wird 30 bis 36 cm groß.

Der Grünspecht kommt ganzjährig vor.

Jan	Feb	Mär	Apr	Mai	Jun	Jul	Aug	Sep	Okt	Nov

Der Eichelhäher

Mit seinem „Rähhh"-Ruf warnt der Eichelhäher, wenn ein Feind oder Störenfried in sein Reich eindringt. Aber auch an seinem rosabraunen Gefieder mit dem schönen schwarzblauen Flügelfeld kannst du ihn leicht erkennen. Im Flug fallen der schwarze Schwanz und der weiße **Bürzel** auf.

Eichelhäher auf Futtersuche

Der Eichelhäher kommt in verschiedenen Wäldern vor. Hauptsache, es stehen genügend Eichen im Wald, in Parks und auf Friedhöfen. Im Herbst frisst dieser Vogel gerne Eicheln, Bucheckern und Früchte. Im Sommer plündert er auch das ein oder andere Singvogelnest.

Wichtig zu wissen!

Der Eichelhäher wird auch Polizist und Gärtner des Waldes genannt. Polizist, weil er jeden ungeliebten Eindringling entdeckt und mit seinen lauten Rufen verrät. Gärtner, weil er unfreiwillig Bäume pflanzt. Im Herbst vergräbt er nämlich wie das Eichhörnchen viele Eicheln und Nüsse als Wintervorrat. Da er aber nicht alle wiederfindet, können so neue Bäume wachsen.

Der Eichelhäher wird 32 bis 35 cm groß.

Der Eichelhäher kommt ganzjährig vor.

| Feb | Mär | Apr | Mai | Jun | Jul | Aug | Sep | Okt | Nov | Dez |

Der Turmfalke

Wie ein Hubschrauber kann der Turmfalke in der Luft stehen, indem er kräftig mit den Flügeln rüttelt. Der lange Schwanz dient dabei als Steuerruder. Daran kannst du ihn gut im Flug erkennen. Daher wurde er früher auch Rüttelfalke genannt. Das Männchen hat einen grauen Kopf und einen rotbraunen Rücken mit schwarzen Tupfen.

Früher nistete der Turmfalke an Felsabbrüchen. Aber wie der Name schon sagt, nutzt er auch Türme, Häuser, Scheunen oder verlassene Krähennester als Nistplatz. Zum Jagen nach Mäusen und großen Insekten bevorzugt er Wiesen und Ackerflächen auf dem Lande. In der Stadt machen Turmfalken eher Jagd auf Kleinvögel.

Wichtig zu wissen!

Der Bruterfolg von Greifvögeln wie dem Turmfalken ist stark von seiner Beute abhängig. Ein Turmfalke braucht pro Tag ungefähr zwei Mäuse. Wenn er viele Mäuse fängt, legt der Turmfalke auch mehr Eier, denn er kann seine Jungen ausreichend füttern. Bei einem schlechten Mäusejahr legt er weniger Eier und es verhungern sogar einige Junge.

Turmfalke auf Pfahl

Der Turmfalke wird 31 bis 37 cm groß.

Der Turmfalke kommt ganzjährig vor.

Jan	Feb	Mär	Apr	Mai	Jun	Jul	Aug	Sep	Okt	Nov

Der Sperber

Seinen Namen verdankt der Sperber
seinem gestreiften Brustgefieder,
was als „gesperbert" bezeichnet
wird. Beim kleineren Männchen ist
die Unterseite eher orangebraun,
beim großen Weibchen weißbraun
gestreift. Außerdem hat das
Männchen einen grauen Rücken,
das Weibchen einen braunen. Im
Vergleich zu Falken
sind die Flügel viel
breiter und der
Schwanz länger.
So kann er
rasant scharfe
Kurven
fliegen.

Schau genau!

Der Größenunterschied von Männchen
und Weibchen ist beim Sperber ge-
waltig. Wenn du sie zusammen siehst,
glaubst du kaum, dass sie zusammenge-
hören. Das Weibchen ist fast ein Drittel
größer und
knapp doppelt
so schwer wie
das Männchen.
So fängt das
Männchen vor
allem kleinere
Singvögel,
während das
Weibchen auch
Beute bis zur
Taubengröße
fangen kann.

Weibchen

Männchen

Der Sperber mag
abwechslungsreiche Gebiete
mit Wäldern, Hecken und
Gebüschen. So ist er auch in
Parks anzutreffen. Vor allem
im Winter kommt er in Städte
und Dörfer, denn als reiner
Vogelfänger hofft er auf Beute
an den Futterstellen.

Der Sperber wird 29 bis 41 cm groß.

Der Sperber kommt ganzjährig vor.

| Feb | Mär | Apr | Mai | Jun | Jul | Aug | Sep | Okt | Nov | Dez |

Die Waldohreule

An ihren „Federohren", die sie bei Erregung aufrichtet, kannst du die schlanke Waldohreule gut erkennen. Ansonsten hat sie ein braun gescheckstes, baumrindenartiges Gefieder, mit dem sie tagsüber bestens getarnt ist. Im Frühling hörst du nachts im Wald oder Park ihre gedämpften „Uh-uh"-Rufe. Die „Federohren" sind übrigens nur Federbüschel!

Wichtig zu wissen!

Eulen verfügen über fantastische Sinnesleistungen. Mit ihren großen, starren Augen können sie nachts drei- bis zehnmal so gut sehen wie ein Mensch. Die Ohren sind so gut, dass sie nicht nur das leiseste Rascheln einer Maus hören, sondern auch genau wissen, wo sie sitzt. So können Eulen ihre Beute zielgenau fangen. Dabei helfen ihnen auch die winzigen Härchen auf ihrem Gefieder, die einen lautlosen Flug ermöglichen.

Da die Waldohreule nachts im offenen Gelände auf Mäusejagd geht, nistet sie gerne in kleinen Wäldchen, Waldrändern und Feldgehölzen, aber auch in großen Parks und auf Friedhöfen. Meist brütet sie in alten verlassenen Krähen- oder Elsternnestern. Im Winter kommen viele Waldohreulen in die Städte und übernachten gerne zu mehreren in einem dichten Nadelbaum.

Ästling (= Jungvogel)

Die Waldohreule wird 31 bis 37 cm groß.

Die Waldohreule kommt ganzjährig vor.

| Jan | Feb | Mär | Apr | Mai | Jun | Jul | Aug | Sep | Okt | Nov |

Der Waldkauz

Tagsüber sitzt der Waldkauz gut versteckt in einer Baumhöhle. Durch sein braun gestreiftes, rindenfarbiges Gefieder ist er bestens getarnt. Er hat einen großen runden Kopf, mit großen schwarzen Augen. Wenn es in Filmen besonders gruselig werden soll, hört man im Hintergrund oft die Stimme des Waldkauzes, der dumpf „huuh hu-huhuu" durch die Nacht ruft. Im Wald hörst du diesen Ruf besonders im Frühling und Herbst. Das Weibchen ruft kurz „kuitt".

Erstaunlich!

Kopf des Waldkauzes

Eulen besitzen im Gegensatz zu allen anderen Wirbeltieren nicht sieben sondern 14 Halswirbel. So haben sie einen besonders beweglichen Hals, den sie weit über den Rücken drehen können. Das müssen sie auch, denn ihre Augen können nicht nach rechts oder links schauen, sondern sitzen starr in den Augenhöhlen.

Der Waldkauz kommt in Wäldern, Parks und Feldgehölzen vor. Er sucht alte, höhlenreiche Bäumen, um darin zu brüten. Manchmal zieht er auch in alte Schornsteine ein und sitzt dann abends auf dem Hausdach. Die Jungen verlassen schon sehr früh das Nest und klettern als Ästlinge in den Bäumen herum, bis sie richtig fliegen können.

Der Waldkauz wird 37 bis 42 cm groß.

Der Waldkauz kommt ganzjährig vor.

	Feb	Mär	Apr	Mai	Jun	Jul	Aug	Sep	Okt	Nov	Dez

Der Kuckuck

Der schlanke Vogel mit den spitzen schmalen Flügeln und dem langen Schwanz sieht ein bisschen aus wie ein Falke. Kopf, Brust und die Oberseite sind grau, der Bauch ist dunkel quer gestreift. An der Stimme ist der Kuckuck am einfachsten zu erkennen, denn er gehört zu den Arten, die im Frühling laut ihren Namen rufen: „kuckuck-kuckuck".

Ab Mitte April kannst du den Kuckuck in vielen Landschaften rufen hören, vor allem an Waldrändern, in Heckenlandschaften und in Moorgebieten. Im September macht er sich auf den langen Weg bis nach Zentralafrika.

Erstaunlich!

Der Kuckuck baut kein eigenes Nest. Er beobachtet sorgfältig, wo andere Singvögel ihre Nester anlegen. Im richtigen Moment klaut er ein Ei und legt sein eigenes Ei hinein.

Junger Kuckuck mit Adoptivmutter

Der Singvogel merkt den Austausch nicht, denn das Kuckucksei sieht den anderen Eiern sehr ähnlich. Das Kuckucksjunge schlüpft meist als erstes und schmeißt sofort die anderen Eier oder Jungen aus dem Nest. Nun wird es von seinen später viel kleineren Adoptiveltern großgezogen. Meist wählt die Kuckucksmutter das Rotkehlchen, den Hausrotschwanz oder den Rohrsänger als Adoptiveltern.

Der Kuckuck wird 32 bis 36 cm groß.

Der Kuckuck kommt von April bis September vor.

| Jan | Feb | Mär | Apr | Mai | Jun | Jul | Aug | Sep | Okt | Nov |

Das Teichhuhn

Das Teichhuhn ist eine leicht zu bestimmende Ralle. Es hat ein rotes Stirnschild und einen roten Schnabel mit gelber Spitze. Kopf, Nacken und Unterseite sind blauschwarz, der Rücken dunkelbraun. Auffällig ist der weiße **Bürzel**, wenn das Teichhuhn mit dem Schwanz zuckt. An Land siehst du die gelbgrünen Beine mit den langen Zehen, mit denen es auch gut über Schwimmpflanzen, wie zum Beispiel Seerosen, laufen kann. Teichhühner schwimmen mit ruckartigen Halsbewegungen.

Wichtig zu wissen!

Die jungen schwarzen Teichhühner sind zwar Nestflüchter, kommen aber in den ersten Tagen nach dem Schlüpfen immer wieder zurück, um sich füttern zu lassen. Auch die Nacht verbringen sie im Nest, teilweise in extra dafür gebauten Schlafnestern. Bei einer Zweitbrut kann es vorkommen, dass sich die älteren Geschwister an der Aufzucht des Nachwuchses beteiligen.

Teichhuhn mit Jungen

Stirnschild

Das Teichhuhn kommt sowohl an Seen und Teichen als auch an fließenden Gewässern wie Bächen und Flüssen vor. In Parkanlagen kann es recht zutraulich werden, sonst ist es eher scheu und hält sich gerne in der Deckung von Gebüschen auf. Trotz der langen Zehen kann es erstaunlich gut im niedrigen Gebüsch am Ufer klettern.

Das Teichhuhn wird 27 bis 31 cm groß.

Das Teichhuhn kommt ganzjährig vor.

Feb	Mär	Apr	Mai	Jun	Jul	Aug	Sep	Okt	Nov	Dez

Die Blässralle
wird auch Blässhuhn genannt.

Bis auf den weißen Schnabel und das weiße **Stirnschild** ist die rundliche Blässralle komplett schwarz. An den Zehen hat sie keine Schwimmhäute wie die Enten, sondern Schwimmlappen. Oft hörst du ein trötendes „Köck" oder ein hohes „Pix". Mit einem kleinen Kopfsprung taucht sie unter ins Wasser und sucht nach Nahrung.

.... **Stirnschild**

Schau genau!

Im Winter sind Blässrallen gesellige Vögel, die dicht nebeneinander herschwimmen und sich höchstens mal ums Futter streiten. Im Frühling werden sie aber zu Einzelgängern, da wird keine andere Blässralle im eigenen Revier geduldet. Erst droht sie dem Eindringling mit gesenktem Kopf und hochgehaltenen Flügeln. Hilft das nicht, tritt sie heftig mit den Füßen um sich.

Altvögel beim Kampf

Auf fast jedem See und Parkteich findest du Blässrallen. Sie fressen fast alles, von Gras über Algen bis hin zu Muscheln und Schnecken. Im Winter siehst du sie oft in großen Gruppen. Dann kommen noch viele Blässrallen aus Nord- und Osteuropa zum Überwintern zu uns.

Blässralle taucht nach Futter.

Die Blässralle wird 36 bis 42 cm groß.

Die Blässralle kommt ganzjährig vor.

| Jan | Feb | Mär | Apr | Mai | Jun | Jul | Aug | Sep | Okt | Nov |

Die Türkentaube

„Du-duh-du" ruft die Türkentaube von einem Hausdach und macht so auf sich aufmerksam. Die relativ kleine, langschwänzige Taube hat ein einheitlich sandbraunes Gefieder, an dem dir bestimmt schon das schwarze Nackenband aufgefallen ist.

.... Nackenband

Erstaunlich!

Seit ca. 100 Jahren breitet sich die Türkentaube aus dem Südosten Europas rasant aus. Noch um 1950 gab es keine brütenden Türkentauben in Deutschland. Heutzutage hat sie ganz Westeuropa erobert. Solche Ausbreitungen von Vogelarten kommen immer wieder vor, meist verlaufen sie aber nicht so schnell wie bei dieser Vogelart.

Vor ca. 100 Jahren

Heutige Verbreitung

Die Türkentaube ist ein **Kulturfolger**. Du findest sie in Städten, Dörfern, Parks und Gärten. Das Nest besteht aus lose zusammengeworfenen trockenen Zweigen und sieht sehr unfertig aus. Darin werden zwei- bis dreimal im Jahr zwei Junge großgezogen. Im Winter kommen Türkentauben auch an die Futterhäuschen.

Die Türkentaube wird 31 bis 34 cm groß.

Die Türkentaube kommt ganzjährig vor.

| Feb | Mär | Apr | Mai | Jun | Jul | Aug | Sep | Okt | Nov | Dez |

Die Ringeltaube

Die Ringeltaube ist die größte Taube Europas. Ihr Körper wirkt recht dick, im Gegensatz zum relativ kleinen Kopf. Das Gefieder ist blaugrau mit rosavioletter Brust. Der weiße Fleck am Hals fällt sofort auf, ebenso die weißen Streifen im Flügel, wenn sie fliegt. Beim Auffliegen hörst du oft ein Flügelklatschen. Sie ruft vier- bis fünfmal hintereinander „gurrr-gurr-gurr".

Balzflug von Ringeltauben

Schau genau!

Viele Vogelarten machen im Frühling nicht nur mit ihrem Gesang auf sich aufmerksam und grenzen so ihr Revier ab. Sie verbinden ihren Gesang mit besonderen Flugmanövern, den Balzflügen. Die Ringeltaube steigt zunächst 20 bis 30 m hoch in die Luft, um dann mit gestreckten Flügeln und gespreiztem Schwanz wieder abwärts zu gleiten. Am höchsten Punkt hörst du sie mit den Flügeln klatschen. Den Balzflug wiederholt sie bis zu fünfmal hintereinander.

Die Ringeltaube brütet sowohl in Laubwäldern als auch in offenen Landschaften mit Baumgruppen und vielen Hecken. Aber auch in Parks, Friedhöfen und Gärten kommt die Ringeltaube vor. Im Winter bilden sich größere Schwärme, die auf den abgeernteten Getreidefeldern nach übrig gebliebenen Körnern suchen. Im Wald suchen sie nach Bucheckern und Eicheln.

Die Ringeltaube wird 38 bis 43 cm groß.

Die Ringeltaube kommt ganzjährig vor.

Jan	Feb	Mär	Apr	Mai	Jun	Jul	Aug	Sep	Okt	Nov

Die Lachmöwe

Mit ihrem schokoladenbraunen Kopf fällt die Lachmöwe im Brutkleid gleich auf. Schnabel und Beine sind kräftig rot gefärbt, die Flügelspitzen schwarz. Im **Schlichtkleid** bleibt von dem dunklen Kopf nur ein schwarzer Fleck hinter dem Auge.

Wichtig zu wissen!

Ihren Namen hat die Lachmöwe einer Verwechslung zu verdanken, denn ihre krähenden Rufe haben wenig mit Lachen zu tun. Und auch die Tatsache, dass sie gerne an flachen Seen, sogenannten Lachen, brütet, ist eher ein Zufall. Als die Lachmöwe ihren Namen bekam, wurde sie noch mit einer in Nordamerika lebenden, sehr ähnlichen Möwe als eine Art gezählt. Diese Möwe hat tatsächlich einen lachenden Ruf.

Schlichtkleid

Noch vor 100 Jahren lebte die Lachmöwe vor allem im Binnenland. Von dort breitete sie sich stark aus und ist jetzt die häufigste Möwe an der Küste. Sie brütet oft in großen Kolonien in den Salzwiesen oder am Ufer von Seen. Im Winter kommt sie auch an Parkteiche und lässt sich dort füttern.

Brutkleid

Die Lachmöwe wird 35 bis 39 cm groß.

Die Lachmöwe kommt ganzjährig vor.

Feb	Mär	Apr	Mai	Jun	Jul	Aug	Sep	Okt	Nov	Dez

Die Reiherente

Die Reiherente erkennst du leicht an ihrem schwarzen Gefieder mit den weißen Seiten. Die weiße Unterseite kannst du schlecht sehen, wenn der Vogel schwimmt. Am Hinterkopf hat diese Ente einen Federschopf wie ein Reiher. Die gelben Augen leuchten schön am dunklen Kopf. Wenn du genau hinschaust, siehst du, dass der Kopf leicht purpurblau schimmert. Im **Schlichtkleid** ist das Männchen wie das Weibchen dunkelbraun gefärbt.

Wichtig zu wissen!

Im Gegensatz zu den meisten Enten, die im April und Mai brüten, sieht man bei der Reiherente auch noch im Juli und August Eltern mit ihren Kleinen. Die Reiherenten bauen ihr Nest gerne in der Nähe von Lachmöwenkolonien. Die mutigen Lachmöwen sind sehr wachsam und schlagen Nesträuber häufig in die Flucht.

Weibchen mit Jungen

Weibchen

Männchen

Neben der Stockente ist die Reiherente unsere häufigste Ente. Du findest sie an allen größeren Gewässern, aber auch an kleineren Parkteichen. Die Reiherente gehört zu den Tauchenten, denn sie sucht den Teichgrund nach Muscheln, Schnecken und Insektenlarven ab. Im Winter bildet sie oft große gesellige Gruppen, auch damit sie sich sicherer fühlen.

Die Reiherente wird 40 bis 47 cm groß.

Die Reiherente kommt ganzjährig vor.

| Jan | Feb | Mär | Apr | Mai | Jun | Jul | Aug | Sep | Okt | Nov |

Die Elster

Die Elster ist mit ihrem schwarz-weißen Gefieder und dem langen Schwanz unverwechselbar. Flügel und Schwanz haben bei entsprechendem Lichteinfall einen schönen blaugrün metallischen Glanz. Die Elster ruft laut und ein wenig heiser mehrmals „tschack-tschack-tschack".

Wichtig zu wissen!

Die Elster ist zwar diebisch, aber auch besonders schlau. Ihre Klugheit verdankt sie der Tatsache, dass sie zunächst immer alles misstrauisch und genau beobachtet, bevor sie sich an unbekannte Sachen heranwagt. Diebisch ist sie, weil sie andere Vogelnester plündert.

Zum Brüten benötigt sie vor allem offene Landschaften und Dörfer mit hohen Bäumen. Doch seit es zwischen den Feldern immer weniger Bäume und Hecken gibt, ist sie nach und nach in die Städte gewandert. Hier gibt es in Mülleimern und auf Komposthaufen reichlich zu fressen.

Elster beim Sonnenbad

Die Elster wird 40 bis 51 cm groß.

Die Elster kommt ganzjährig vor.

Feb	Mär	Apr	Mai	Jun	Jul	Aug	Sep	Okt	Nov	Dez

Die Rabenkrähe

Ein komplett schwarzes Gefieder hat die Rabenkrähe. Selbst die Beine, die Augen und der große kräftige Schnabel sind schwarz. Ihre krächzenden „Krah-krah"-Rufe werden meist drei- bis viermal wiederholt. Im Winter bilden Rabenkrähen oft große Schwärme.

Schau genau!

Schau dir im Winter die Krähenschwärme einmal genau an und achte besonders auf die Schnäbel. Sicher wirst du darunter bald die Saatkrähen mit ihren grauen Schnäbeln entdecken. Sie kommen im Winter in großer Zahl aus Osteuropa. Die großen lautstarken Saatkrähenkolonien machen so viel Lärm, dass die Vögel früher vertrieben und gejagt wurden.

Kopf einer
Saatkrähe

Die Rabenkrähe kommt vor allem in einer abwechslungsreichen Feld-, Wiesen- und Heckenlandschaft vor, hat aber auch die Städte und Dörfer erobert. Sie brütet gerne auf einzeln stehenden Bäumen, am Waldrand und selbst auf Strommasten. Als Allesfresser findet sie besonders in den Städten Nahrung.

Die Rabenkrähe wird 44 bis 51 cm groß.

Die Rabenkrähe kommt ganzjährig vor.

Jan	Feb	Mär	Apr	Mai	Jun	Jul	Aug	Sep	Okt	Nov

Der Kolkrabe

Oft werden Krähen als Raben bezeichnet, aber der einzige richtige Rabe in Deutschland ist der Kolkrabe. Er ist zwar genauso schwarz wie eine Rabenkrähe, aber deutlich größer und hat einen sehr kräftigen Schnabel. Im Flug kannst du seinen keilförmigen Schwanz gut erkennen. Häufig hört man erst seine tiefen und rauen Rufe „korrk korrk" oder warnend „rack rack rack". Im Frühling ruft er auch laut wie ein Gong „klong". Der Kolkrabe ist unser größter Singvogel.

Schau genau!

Kolkraben gelten als ziemlich schlau und verspielt. Das lässt sich gut im Frühjahr während der Balz beobachten. Dann vollführen die Paare die abenteuerlichsten Flugspiele, indem sie dicht nebeneinanderfliegen, sich Verfolgungsjagden liefern, Sturzflüge machen oder sogar kurz auf dem Rücken fliegen.

Kolkrabe im Flug

Vor 70 Jahren galt der Kolkrabe noch als Schädling und wurde so stark gejagt, dass es nur noch in den Alpen und in Schleswig-Holstein ein paar Vögel gab. Heute lebt er wieder in großen Waldgebieten, Mittelgebirgen und Heideflächen. Schon Ende Februar beginnen die Kolkraben mit dem Brüten auf Bäumen oder Felsen. Die Paare bleiben ein Leben lang zusammen.

Der Kolkrabe wird 54 bis 67 cm groß.

Der Kolkrabe kommt ganzjährig vor.

| Feb | Mär | Apr | Mai | Jun | Jul | Aug | Sep | Okt | Nov | Dez |

Der Mäusebussard

Der Mäusebussard ist unser häufigster Greifvogel. Seine Oberseite ist meist einfarbig dunkelbraun, während die Unterseite sehr variabel sein kann. Es gibt Vögel mit sehr heller, aber auch welche mit sehr dunkler Unterseite. Im Flug fällt am Schwanz die schwarze **Endbinde** auf und am Flügel der dunkle Flügelhinterrand sowie die dunklen Flecken am Flügelbug. Wie eine Katze ruft er miauend „hi-äe".

Erstaunlich!

Alle Greifvögel können extrem gut sehen. So auch der Bussard. Dank seiner guten Augen kann er eine kleine Maus aus 350 m Höhe auf der Wiese entdecken. Wir würden sie erst ab 50 m Entfernung erkennen. Damit sehen seine Augen etwa sechsmal so gut wie die eines Menschen, denn seine Netzhaut hat mehr Sinneszellen als die des Menschen. Das ist wie bei einer Digitalkamera, die mehr Pixel aufzeichnet.

Sein Nest baut dieser Greifvogel in Wäldern und Waldrändern auf hohen Bäumen. Zur Mäusejagd kommt er aber auf die offenen Wiesen, Weiden und Äcker. Häufig siehst du den Bussard, wie er sich segelnd in kreisenden Flügen immer höher in den Himmel schraubt.

Mäusebussard im Segelflug

Der Mäusebussard wird 46 bis 58 cm groß.

Der Mäusebussard kommt ganzjährig vor.

Der Haubentaucher

Der Haubentaucher schmückt sich im **Brutkleid** mit einem auffälligen schwarzbraunen Kopf- und Halsschmuck. Der lange Hals hat eine weiße Vorderseite und aus dem weißen Gesicht leuchtet ein rotes Auge. Der Rücken ist dunkelbraun gefärbt. Haubentaucher sind sehr gute Taucher und machen Jagd auf kleine Fische.

Schau genau!

Die kleinen Jungvögel mit ihrem schwarz-weiß gestreiften Kopf können ab dem ersten Lebenstag schwimmen. Noch lieber lassen sie sich aber in den ersten Tagen auf dem Rücken der Eltern herumtragen. Nur die Köpfe schauen dann aus dem Rückengefieder der Altvögel heraus. Selbst zur Unterwasserjagd nach Fischen werden sie so mitgenommen. Oft kommen sie dann aber wie kleine Korken wieder an die Wasseroberfläche.

Haubentaucher mit Jungen

Haubentaucher brüten gerne an großen Teichen und Seen mit viel Schilf und Uferpflanzen. Das Nest ist meist im Schilf aus Wasserpflanzen gebaut und kann schwimmen. Wenn nach starken Regenfällen der Wasserspiegel ansteigt, wird es dadurch nicht überflutet. Im Winter weichen die Haubentaucher auf eisfreie Gewässer aus und schwimmen auch auf Flüssen.

Haubentaucher am Schwimmnest

Der Haubentaucher wird 46 bis 51 cm groß.

Der Haubentaucher kommt ganzjährig vor.

| Feb | Mär | Apr | Mai | Jun | Jul | Aug | Sep | Okt | Nov | Dez |

Die Stockente

Die häufigste heimische Ente ist die Stockente. Das Männchen ist leicht an dem grün schillernden Kopf, dem gelben Schnabel und der braunen Brust zu erkennen. Das Weibchen ist dagegen schlicht braun gemustert, sodass es auf dem Nest bestens getarnt ist. Du erkennst es an den blauen Federn im Flügel, dem Flügelspiegel.

Weibchen

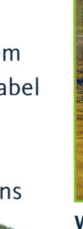

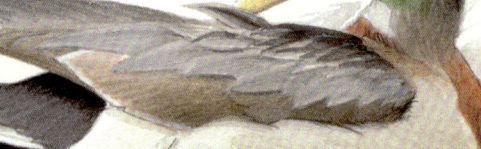

Männchen

An jedem Parkteich und größeren Gewässer triffst du auf Stockenten. Von ihnen stammen übrigens die weißen Hausenten ab. Manchmal vermischen sich Haus- und Stockenten. Ihre Nachkommen sind dann scheckig gefiedert.

Erstaunlich!

Hast du dich im Winter auch schon oft gefragt, warum Enten nicht festfrieren, wenn sie mit ihren nackten Füßen auf dem Eis stehen? Das liegt daran, dass sie ihre Füße der Außentemperatur anpassen können. Dafür haben sie einen Wärmetauscher in den Beinen. Das Blut, das in die Füße fließt, wird von dem kalten Blut, das von den Füßen kommt, abgekühlt. Die Entenfüße enthalten dadurch im Winter nur kaltes Blut, sodass das Eis nicht auftaut und die Füße nicht festfrieren.

Die Stockente wird 50 bis 60 cm groß.

Die Stockente kommt ganzjährig vor.

Die Graugans

Die Graugans ist bei uns die größte graue Gans. Sie hat rosafarbene Beine und einen klobigen rosa Schnabel. Im Flug fallen die hellgrauen Flügelfelder auf. Auf langen Strecken fliegen Graugänse in einer Keilformation, so können sie im Windschatten ihres Vordermannes fliegen und viel Energie sparen. Sie rufen typisch gänseartig „aahng-aahng".

Schau genau!

Beobachte einmal eine Gruppe von Graugänsen. Bald wirst du erkennen, dass bestimmte Gänse immer beieinanderbleiben, denn Gänse haben ein richtiges Familienleben. Die Paare bleiben lebenslang zusammen und die Jungen verlassen erst bei der nächsten Brut die Eltern. Auch nach Jahren erkennen sich die Familienmitglieder wieder.

Familienleben auf dem Wasser

An vielen Stellen wurden die Graugänse bei uns ausgewildert, besonders in den Parkanlagen der großen Städte. Hier zeigen sie sich auch recht zahm und zutraulich. Im Winter fliegen viele der wilden Graugänse bis nach Südspanien, dagegen bleiben die meisten Park-Graugänse hier.

Die Graugans wird 74 bis 84 cm groß.

Die Graugans kommt ganzjährig vor.

| Feb | Mär | Apr | Mai | Jun | Jul | Aug | Sep | Okt | Nov | Dez |

 # Der Kormoran

Der Kormoran ist ein großer schwarzer Vogel mit langem Hals und einem kräftigen Hakenschnabel zum Fischefangen. Im Brutkleid haben die Altvögel einen weißen Fleck am Kopf und am Beinansatz. Kormorane sind gesellige Tiere, die in großen Kolonien auf Bäumen brüten und auch gemeinsam nach Fischen tauchen.

Nachdem die Kormorane als Konkurrenten der Angler und Fischer in Deutschland schon fast ausgerottet worden waren, wurden sie unter Schutz gestellt. Jetzt haben sich die Bestände wieder erholt und du findest Kormorane an der ganzen Küste und an vielen Seen im Binnenland.

Wichtig zu wissen!

Kormorane können nicht wie die anderen Wasservögel ihr Gefieder einfetten. Das hilft ihnen beim Tauchen, sie haben kaum Auftrieb und sind unter Wasser sehr wendig. Leider werden dabei ihre Federn ganz nass. Deshalb siehst du sie oft mit ausgebreiteten Flügeln am Ufer sitzen, um die Federn wieder zu trocknen.

Kormorane trocknen ihre Federn

Der Kormoran wird 77 bis 94 cm groß.

Der Kormoran kommt ganzjährig vor.

| Jan | Feb | Mär | Apr | Mai | Jun | Jul | Aug | Sep | Okt | Nov |

Der Graureiher

Fast so groß wie ein Weißstorch macht der Graureiher seinem Namen alle Ehre. Denn bis auf die helle Unterseite und etwas Schwarz an Kopf und Flügel ist er einheitlich grau. Dabei fällt der große gelbe Schnabel auf. Im Flug sind die Beine lang gestreckt und der Hals ist s-förmig eingezogen.

Graureiher im Flug

Auf der Suche nach Fischen, Fröschen und anderen Wassertieren kommt der Graureiher an verschiedenen Gewässern vor. Selbst in Städten holt er sehr zum Ärger der Fischfreunde so manchen Goldfisch aus dem Gartenteich. Graureiher brüten in Kolonien auf hohen Bäumen, manchmal mit Kormoranen zusammen.

Schau genau!

Nicht nur an Gewässern geht der Graureiher auf die Jagd. Vor allem im Winter, wenn viele Teiche zugefroren sind, siehst du ihn häufig auf Wiesen und Äckern stehen. Hier lauert er auf Mäuse oder Maulwürfe. Die Jagdtechnik sieht so aus: langsames Anpirschen, geduldiges Warten und blitzschnelles Zustoßen mit dem Schnabel.

Der Graureiher wird 84 bis 102 cm groß.

Der Graureiher kommt ganzjährig vor.

| Feb | Mär | Apr | Mai | Jun | Jul | Aug | Sep | Okt | Nov | Dez |

Der Weißstorch

Sein schwarz-weißes Gefieder, den roten Schnabel und die langen roten Beine kennst du bestimmt. Im Gegensatz zum Graureiher fliegt der Weißstorch mit lang ausgestrecktem Hals. Auf dem Horst, seinem Nest, das er gerne auf Dächern baut, hörst du ihn mit dem Schnabel klappern.

Der Weißstorch braucht Gewässer, Feucht-wiesen oder andere unge-nutzte Wiesen in Nistnähe, auf denen er seine Nah-rung findet. Vor allem Frösche, Insekten, Regenwürmer und Mäuse stehen auf sei-nem Speiseplan. Leider gibt es solche Wiesen immer weniger, und so ist auch der Storch immer seltener bei uns geworden.

Wichtig zu wissen!

Im September macht sich der Weißstorch auf den langen Weg bis ins südliche Afrika. Da er ein reiner Segelflieger ist, braucht er unbedingt warme Luft unter den Flügeln, also eine gute Thermik. Deshalb vermeidet er es, quer über das Mittelmeer zu fliegen, und nimmt lieber den Umweg über Spanien oder die Türkei nach Afri-ka. So muss er nur kurze Strecken über das offene Meer fliegen.

Flugroute des Weißstorchs

 **Der Weißstorch wird 95 bis 110 cm groß.**

Der Weißstorch kommt von März bis September vor.

| Jan | Feb | Mär | Apr | Mai | Jun | Jul | Aug | Sep | Okt | Nov |

Der Höckerschwan

Unser größter heimischer Vogel ist der schneeweiße Höckerschwan. An seinem langen Hals und dem orangeroten Schnabel ist er gut zu erkennen. Das Männchen hat einen schwarzen Höcker über dem Schnabel. Die jungen Schwäne sind ganz grau, erst im zweiten Jahr bekommen sie ihr weißes Gefieder. Im Flug machen die Flügel der Schwäne ein pfeifendes Geräusch.

Erstaunlich!

Mit bis zu 20 kg gehört der Höckerschwan zu den größten und schwersten flugfähigen Vögeln der Welt. Um so viele Kilos in die Luft zu bringen, muss der Höckerschwan wie ein Flugzeug gegen den Wind Anlauf nehmen, um abheben zu können. Auch das Landen ist nicht so einfach. Auf dem Wasser ist es kein Problem, da bremst er wie ein Wasserskiläufer mit seinen Füßen ab. An Land muss er dagegen kräftig mit den Flügeln abbremsen, um nicht auf die Nase zu fallen.

Ein Höckerschwan gründelt nach Nahrung.

Höckerschwäne brüten an den meisten Seen und Teichen, selbst an kleinen Parkteichen. Sie bauen ein großes Bodennest aus Schilf, das sie energisch und laut fauchend gegen Artgenossen, aber auch gegen Menschen verteidigen. Also Vorsicht!

Der Höckerschwan wird 140 bis 160 cm groß.

Der Höckerschwan kommt ganzjährig vor.

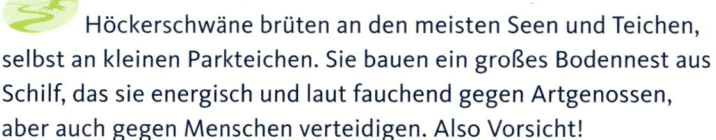

Feb   Mär   Apr   Mai   Jun   Jul   Aug   Sep   Okt   Nov   Dez

So wirst du zum Vogel-Experten!

Wenn du wie ein Detektiv losziehst, um Vögel zu beobachten, dann ist es sicherlich in **Gärten und Parks** am einfachsten. Die Vögel sind hier an Menschen gewöhnt und nicht so scheu.

In den **Städten** leben auch auf Friedhöfen besonders viele Vogelarten. Das sind meist Vögel, die sonst im **Wald** zu Hause sind. Auch an **Gewässern** findest du leicht Vögel zum Beobachten. Neben den Brutvögeln kommen hier noch viele andere Arten zum Fressen oder Trinken vorbei.

Achte auf die **Gesänge und Rufe**, denn meistens hörst du sie, bevor du die Vögel entdeckst. Außerdem helfen dir die Rufe beim Bestimmen. Falls du einen TING-Stift hast, kannst du die Gesänge der Vögel direkt anhören und mit den Rufen der Vögel aus der Natur vergleichen. Mehr Infos dazu findest du auf Seite 95.

Wichtig zu wissen!

Eine ganz wichtige Vogelkundler-Regel ist: Sei möglichst leise, denn Vögel sind scheue Tiere! Wenn sie dich gar nicht bemerken, kannst du sie am besten beobachten.

Die Vogeluhr

Es gibt zwei Gründe, warum Vögel im Frühling singen: Zum einen suchen sie damit einen Partner zum Brüten, zum anderen stecken sie damit ihr Revier ab und sagen so dem Konkurrenten: „Hier wohne ich, das ist mein Gebiet, hau bloß ab!"

Vielleicht ist dir beim **Gesang** schon mal aufgefallen, dass bestimmte Vogelarten nur zu einer bestimmten **Tageszeit** singen? Damit beginnen sie so pünktlich, dass du fast deine Uhr danach stellen kannst. Wenn sie morgens anfangen, richten sie sich nach dem Sonnenaufgang. Um das zu erleben, musst du also ziemlich früh aufstehen, denn der **Hausrotschwanz** fängt schon ca. 1 Stunde 30 Minuten vor dem Sonnenaufgang an zu singen. Etwa 10 Minuten später setzt das **Rotkehlchen** ein. Nach weiteren 5 Minuten beginnt die **Amsel**. Der **Star** ist ein Spätaufsteher, der erst 10 Minuten nach Sonnenaufgang sein Lied singt.

Mitte Mai geht bei uns um ca. 5.30 Uhr die Sonne auf und die Vögel fangen zu folgenden Uhrzeiten an zu singen:

Mach mit!

Vielleicht kannst du ja auf einer Vogelstimmenexkursion von einem Naturschutzverein mitgehen, dort wird dir die Vogeluhr gezeigt. Das ist ein ziemlich beeindruckendes Erlebnis!

| Hausrot-schwanz 4.00 Uhr | Rotkehlchen 4.10 Uhr | Amsel 4.15 Uhr | Kohlmeise 4.40 Uhr | Buchfink 5.00 Uhr | Star 5.40 Uhr |

4.00 Uhr   4.30 Uhr   5.00 Uhr   5.30 Uhr Sonnenaufgang

Auf den Schnabel geschaut

Achte mal auf die Schnäbel der Vögel. Es gibt **dünne, spitze, kräftige, dicke, lange, kurze oder hakenförmige Schnäbel**. Der Schnabel eines Vogels ist so geformt, dass er sein Lieblingsfutter am besten fressen kann.

Zaunkönig und **Grauschnäpper** fangen mit ihren feinen und spitzen Schnäbeln **Insekten** wie mit einer Pinzette.

Stubenfliege

Grauschnäpper

Zaunkönig

Spatz

Grünling

Samen

Der Schnabel von **Spatz** und **Grünling** ist viel dicker und kräftiger gebaut, damit sie leicht **Samenkörner** aufknacken können.

Die **Amsel** hat dagegen einen Allesfresserschnabel. Der ist sowohl spitz, um **Insekten** fangen zu können, als auch lang und kräftig genug, um damit in der Erde nach **Regenwürmern** zu stochern.

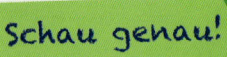

Regenwurm

Amsel

Wichtig zu wissen!

Natürlich fressen die Vögel nicht ausschließlich das Futter, auf das ihr Schnabel spezialisiert ist. Zum Beispiel frisst der Spatz nicht nur Samenkörner. Besonders im Sommer schnappt er sich auch gerne ein paar Insekten und zieht damit seine Jungen groß. Und wenn im Winter die Insekten knapp werden, sieht man manchmal den Zaunkönig, wie er sich am Futterhäuschen am Weichfutter bedient.

Schau genau!

Mit etwas Übung reicht meist schon ein kurzer Blick auf die Futterluke, also auf den Schnabel, um die Vorlieben des Vogels einschätzen zu können. Das hilft dir auch bei der Bestimmung eines Vogels, du kannst ihn dann in eine bestimmte Gruppe einordnen. Probier es einfach mal aus!

Mach mit!

Im Winter ist es besonders spannend, die Vögel an einer Futterstelle zu beobachten. Meist geht das sogar vom warmen Küchen- oder Wohnzimmerfenster aus.

Schnapp dir dein Fernglas und setz dich ans Fenster. Leg dir ein Beobachtungsheft an. Schreib dort hinein, welche Arten eher ans Futterhäuschen kommen, welche den Meisenknödel anfliegen oder lieber ganz am Boden bleiben. Wer kommt mutig an den Futterplatz oder vertreibt sogar andere Vögel? Wer schnappt sich nur schnell einen Happen, um ihn dann in Ruhe im Gebüsch zu fressen?

Buntspecht an Futtersilo

Winterfütterung

Kohlmeise an Meisenknödel

Da Vögel unterschiedliche Vorlieben beim Fressen haben, ist es auch wichtig, ihnen im Winter einen **abwechslungsreichen Futter-platz** anzubieten. Deshalb solltest du auf unterschiedliches Futter, wie zum Beispiel **Körnerfutter**, **Meisenknö-del** oder auch mal ein **Stück Apfel**, achten. Zum Füttern gibt es die unterschied-lichsten Futtergeräte. Ob **Futterhäuschen**, **Futtersilo** oder **Meisenknödel**, die Auswahl ist groß. Je viel-fältiger das Futter und die Darreichungsform, desto mehr Arten werden zum Fressen bei deinem Futter-platz vorbeischauen.

Amsel an Futterhäuschen

Wer mag was?

Finken

Sperlinge

Ammern

Diesen Vögeln bietest du am besten eine **bunte Körnermischung** aus verschiedenen Sämereien, wie zum Beispiel **Sonnenblumenkerne**, **Hanf**, **Mohn** oder **Leinsamen**, an. Die streust du entweder in ein **Futterhäuschen** oder füllst sie in einen **Futterspender**.

Körnermischung

Rotkehlchen

Heckenbraunellen

Zaunkönige

(Weichfresser)

Die meisten Weichfresser fliegen im Winter in den Süden, nur wenige – wie Rotkehlchen, Heckenbraunelle und Zaunkönig – harren im Winter hier aus. Sie bleiben an den Futterstellen lieber im Randbereich und in Bodennähe. Dort fressen sie, was vom Meisenknödel oder Futterhäuschen auf den Boden fällt. Auf ihrem Speiseplan stehen im Winter neben den wenigen **Insekten** das Fettfutter, zum Beispiel **in Öl getränkte Haferflocken**, **Rindertalg** oder kleine Samen wie **Mohn** und **Hanf**. Eine **Futterstelle auf dem Boden** ist ideal für sie.

Haferflocken

Drosseln

Stare

Lass im Herbst ein paar **Äpfel** und **Birnen** am Baum hängen. Das ist keine Verschwendung, denn Drosseln und Stare fressen gerne Obst. Du kannst ihnen im Winter aber auch eine **Schale mit Obst und Rosinen** nach draußen stellen.

Obst

Allseits beliebt

Leicht aufhängen kannst du auch die bei fast allen Vögeln beliebten **Körner-Fett-Gemische**. Sie werden meist als **Meisenknödel** oder **Meisenringe** angeboten. Selbst Amseln hängen sich oft mühselig flatternd an einen Knödel, um an das Fett heranzukommen. Genauso gerne werden die energiereichen **Erdnüsse** gefressen.

Meisenknödel und -ringe

Vögel füttern – aber richtig!

Fettfutter gehört im Winter zu den wichtigsten **Energielieferanten**. Mit relativ wenig Aufwand lässt es sich leicht selbst herstellen. Außerdem macht das Anrühren und Gestalten viel Spaß.

Du brauchst dafür etwas Rindertalg vom Metzger (am besten schon ausgelassen) oder ungehärtetes Kokosfett. Das Fett lässt du in einem Topf schmelzen. Damit es bei starkem Frost nicht zu hart wird, gibst du auf 500 g Fett noch 2-3 Esslöffel

Fettfutter selbst machen

Speiseöl. In das Fett gibst du nun die doppelte Menge an Sonnenblumenkernen, andere Sämereien, Haferflocken, gemahlene oder gehackte Erdnüsse, Weizenkleie oder getrocknete Beeren. Das Ganze wird gut vermischt, und bevor es wieder hart wird, füllst du es in Gefäße, die du raushängen kannst. Das kann eine ausgehöhlte Astscheibe sein, ein kleiner Blumentopf, Ausstechformen (Tipp: mit Form aufhängen, sonst zerbröselt es zu schnell) oder du schmierst den Brei in Fichten- und Kiefernzapfen oder direkt in die Rinde eines Baumes. Dir fallen sicher noch mehr schöne und lustige Formen ein!

Selbst gemachtes Fettfutter im Blumentopf

Wichtig zu wissen!

Wenn du im Winter fütterst, pass bitte auf, dass das Futter nicht schimmelig wird oder sich zu sehr mit Vogelkot vermischt. Halte den Futterplatz sauber, dann können sich auch keine Krankheiten verbreiten. Fütter kein Brot, keine Kekse oder andere Lebensmittelreste! Sie enthalten Gewürze, Salze und Aromen und werden schnell schlecht. Vögel können davon krank werden.

Der vogelfreundliche Garten

Mach mit!

Habt ihr zu Hause einen Garten? Oder haben vielleicht deine Großeltern einen? Dann besprich doch mit deinen Eltern oder mit Oma und Opa, welche Pflanzen oder Umgestaltungen bei euch infrage kommen.

Im Winter kann man den Vögeln durch das Bereitstellen von Futter helfen. Aber was kannst du den Vögeln im Sommer Gutes tun?

Spatz im Garten

Die beste Möglichkeit ist, einen Garten so zu gestalten, dass sich die Vögel dort wohlfühlen. Das heißt, sie müssen etwas zu fressen und zu trinken finden, sowie dichte Sträucher und Höhlen haben, um darin brüten zu können. Für einen vogelfreundlichen Garten muss man ein paar Dinge beachten:

Bei der **Auswahl der Büsche, Stauden und Blumen** sollte man darauf achten, dass es heimische Pflanzen sind. Häufig werden Arten angepflanzt, die nicht aus Europa stammen. Dort kommen oft nur wenig Insekten vor, sie tragen keine Früchte oder sind giftig. Die Forsythie zum Beispiel sieht zwar schön aus, aber nur eine Vogelart frisst ihre Früchte. Insekten findest du auch kaum

Schwarzer Holunder

an diesem Strauch. Im Gegensatz dazu sind im Herbst die Früchte vom **Schwarzen Holunder** so begehrt, dass sie die Vögel regelrecht anziehen und als Erstes gefressen werden. Die **Eberesche** heißt auch Vogelbeere, weil über 50 verschiedene Vogelarten ihre Beeren mögen. Besonders Drosseln siehst du im Winter an den Beeren.

Eberesche

Aber nicht nur die Früchte sind wichtig, sondern auch die **Insekten**, die an dem Strauch leben. Allein am **Schwarzdorn** kommen bis zu 200 Insektenarten vor und können den Vögeln als Futter dienen.

Wenn du ein guter Beobachter bist, wirst du schnell merken, was die Vögel gerne mögen.

Schwarzdorn

Spatz an Vogeltränke

Oft sind das auch nur Kleinigkeiten, die viel ausmachen, zum Beispiel eine saubere **Wasserstelle**, wo die Vögel trinken und baden können. Das geht zum Beispiel auch auf einem Balkon.

Oder du richtest an einer sonnigen Stelle einen **Sand- und Staubbadeplatz** ein. Spatzen lieben es, ein Staubbad zu nehmen!

Im Herbst sollten die Stauden und das **Laub unter den Büschen** nicht sofort weggeräumt werden, denn dort verstecken sich über den Winter

Spatz nimmt ein Staubbad

viele Insekten. Dann kannst du beobachten, wie die Amsel die Blätter mit dem Schnabel beiseiteräumt und nach Insekten sucht.

Ein Magnet für Vögel sind auch **Komposthaufen**, weil es da nur so vor Krabbeltieren wimmelt.

Wenn im Herbst Sträucher und Bäume geschnitten werden, kannst du daraus einen **Holz- und Reisigstapel** bauen. Zaunkönig und Rotkehlchen lieben solche Verstecke! Sie finden dort sicher etwas zu fressen oder sogar einen Brutplatz. Ansonsten freut sich vielleicht ein Igel darüber.

Auch ein **lockerer Steinhaufen** ist für so manchen Vogel interessant.

Der vogelfreundliche Garten sollte also möglichst vielfältig sein, so kann er den unterschiedlichsten Arten etwas bieten. Natürlich sollte man auch auf **Gifte** im Garten verzichten.

Erstaunlich!

Es ist gar nicht so schwer, auf Gifte im Garten zu verzichten: Ein Meisenpaar zum Beispiel frisst mit ihren Jungen bis zu 50 kg Insekten pro Jahr! Sie sind also natürliche „Insektenvernichter".

Nistkästen

Höhlenbrüter haben es schwer, einen geeigneten Nistplatz zu finden. Es gibt nur noch wenig Gärten mit alten Bäumen und natürlichen Höhlen. Auch Hausdächer, wo Spatz oder Mauersegler unter den Dachziegeln einziehen können, werden seltener. Doch mit einem geeigneten Nistkasten kannst du dafür sorgen, dass sich die ein oder andere Vogelart in einem Garten dauerhaft niederlässt.

Die beiden häufigsten Nistkastenmodelle sind der **Höhlen-** und der **Halbhöhlenkasten**. Für andere Arten wie Mauersegler, Star, Baumläufer oder Schwalben gibt es ganz **spezielle Nisthilfen**.

Höhlenkasten	Halbhöhlenkasten
In den Höhlenkasten gehen vor allem **die Kohl- und die Blaumeise**, weshalb er auch Meisenkasten genannt wird. Aber auch **Haussperlinge**, **Kleiber**, **Trauerschnäpper** oder **Gartenrotschwanz** brüten in Höhlen.	Hängst du einen Halbhöhlenkasten auf, können sich **Hausrotschwanz**, **Grauschnäpper**, **Bachstelze** oder ein **Zaunkönig** einfinden.

Höhlenkasten und Blaumeise   **Halbhöhlenkasten und Grauschnäpper**

Tipps zum Aufhängen

Damit in deine Nistkästen auch die gewünschten Vögel einziehen, musst du noch einige Dinge beim Aufhängen beachten:

In welcher **Höhe** du ihn aufhängst, ist relativ egal, wichtig ist nur, dass die Vögel ungestört brüten und ihre Jungen aufziehen können. Daher kannst du ihn im Garten ruhig tiefer hängen, weil ihn hier niemand stört. An öffentlichen Bäumen sollte dein Nistkasten so hoch hängen, dass niemand an ihn herankommt. Häng ihn aber auf jeden Fall so auf, dass sich keine Katzen, Marder oder Elstern direkt davorsetzen oder mit ihren Pfoten hineinkommen können.

Kohlmeise an ihrem Nistkasten

Achte darauf, dass das **Einflugloch** Richtung Osten oder Südosten zeigt. So bleibt es im Nistkasten schön trocken und es zieht nicht, denn Regen und Wind kommen meist aus Westen.

Die Vögel mögen es nicht, wenn der Kasten den ganzen Tag im tiefsten Schatten hängt oder von der Mittagssonne zu sehr aufgeheizt wird. Such also einen ausgewogenen **Standort** aus.

Wenn du den Kasten mit einem Nagel am Baum befestigst, nimm einen **Aluminiumnagel**, das ist besser für den Baum. Falls du keinen Aluminiumnagel hast, kannst du den Kasten einfach mit einem **Draht** an einen Ast hängen. Willst du **mehrere Nistkästen** aufhängen, sollten sie nicht alle an einem Baum hängen, sondern gut über den Garten verteilt sein. Du kannst ihn auch an einer Hauswand anbringen.

Mach mit!

Viele Vogelarten polstern ihr Nest mit weichen Federn oder Tierhaaren aus. Füll ein altes Zitronennetz mit Federn oder Schafwolle und häng es so in einem Baum auf, dass es nicht nass wird, zum Beispiel mit einem Dach aus Rinde. Haben die Vögel es entdeckt, werden sie begeistert sein!

„Federspender" für den Nestbau

Nistkastenbau

Willst du einen **Meisenkasten selbst bauen**? Das ist gar nicht so schwer. Mit etwas Hilfe beim Sägen und Bohren ist das leicht gemacht. Du brauchst mindestens 18 mm dicke Fichten- oder Kiefernholzbretter (dünneres Holz isoliert nicht so gut), ca. 20 Holzschrauben, zwei Wiener Reiber oder gerade Schraubhaken und einen Bohrer für ein ca. 2,6 – 3,5 cm großes Einflugloch.

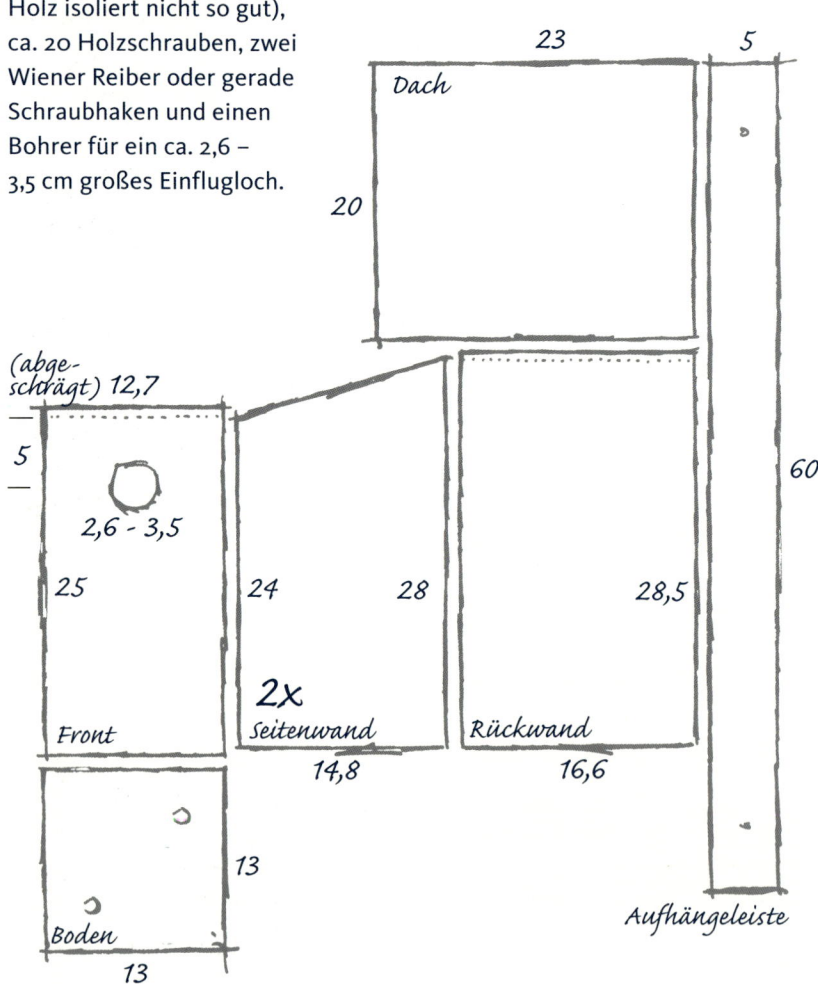

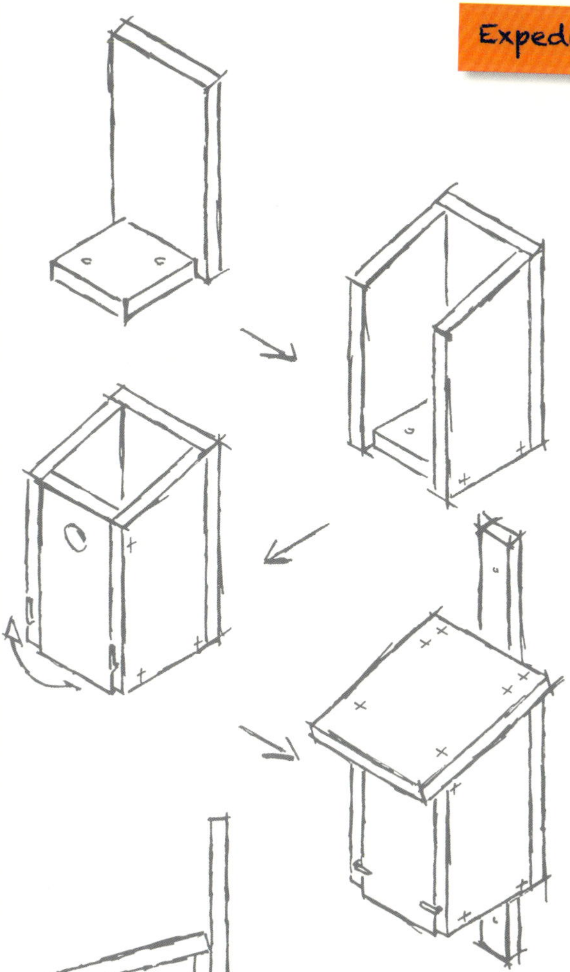

0,5 cm
überstand

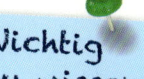

Wichtig zu wissen!

Im Herbst kontrollierst du die Nistkästen und schaust, ob ein Vogel darin gebrütet hat. Das alte Nest holst du dabei gleich heraus, denn da wohnen noch eine ganze Menge Parasiten drin wie Vogelflöhe oder Milben. Wenn du sie nicht entfernst, würden sie sich im nächsten Jahr ausgehungert auf die Vögel und ihre Jungen stürzen. Deshalb trägst du beim Reinigen besser Handschuhe und eine geschlossene Jacke.

Wichtig zu wissen!

Du kannst den Nistkasten zu jeder Jahreszeit aufhängen. Einige Arten legen ihren Brutplatz schon im Herbst fest und benutzen den Kasten dann zum Schlafen.

Dem Vogel auf der Spur

Sicher hast du schon mal Vogelspuren wie zum Beispiel **Federn, Eierschalen, Nester** oder Ähnliches gefunden. Aber zu welchem Vogel gehören sie? Mit etwas Detektivarbeit und Erfahrung wirst du aber bald herausfinden, wer welche Spuren hinterlassen hat.

Mach mit!

Schreib auf, welche Vogelspuren du wo und wann gefunden hast und was du daraus schließt. Wenn du Spuren findest, die du nicht einordnen kannst, schreib sie trotzdem auf oder fotografier sie. Mit der Zeit wirst du nämlich immer geübter und kannst später vielleicht das Rätsel lösen.

Nester

Das Amselnest erkennst du leicht, weil es eine feste Schicht aus Erde und Lehm enthält.

Gut versteckt im Efeu oder einer Nische baut der Zaunkönig sein kugeliges Moos- und Laubnest.

Die Elster hat ihr Nest weit oben in den Baumwipfeln aus einer Ansammlung aus Zweigen gebaut. Der Specht hämmert seine Höhle in den Baumstamm.

Amselnest

Zaunkönig in seinem Nest

Spechthöhle in Baumstamm

Fußspuren

Im Winter hinterlassen viele Vögel ihre Abdrücke im Schnee. An Seeufern findest du die Spuren von Enten und Gänsen mit ihren Schwimmhäuten oder die großen Abdrücke des Graureihers mit der langen Hinterzehe.

Amsel

Ente

Federn

Eichelhäher

Waldohreule

Alle Vögel müssen regelmäßig ihre Federn erneuern. Wenn du ausgefallene Federn findest, kannst du versuchen, sie zu bestimmen. Eulenfedern haben feine Härchen auf der Oberfläche und sind ganz weich. Die blauschwarz gebänderten Flügelfedern hat nur der Eichelhäher. Je besser du die Vögel kennst, desto leichter wirst du die Federn zuordnen können.

Gewölle

Als Gewölle bezeichnet man die Nahrungsreste, die nicht verdaut, sondern wieder ausgewürgt werden. Das sind meist Fell- und Knochenreste. Besonders bekannt dafür sind Eulen und Greifvögel. An der Küste findest du dagegen die Speiballen von Möwen, die die unverdaulichen Gräten oder die Schalenreste von Muscheln und Krebsen enthalten.

Turmfalke

Schleiereule

Silbermöwe

Mäusebussard

Eierschalen

Vogeleltern bringen nach dem Schlüpfen der Jungvögel die Eierschalen aus dem Nest. Manchmal werden die Eier auch von einem „Eierdieb" geöffnet. Die Eierschalen sind schwer zu bestimmen.

Neuntöter

Amsel

Mäusebussard

Zapfen

Schau dir mal die Fichtenzapfen ganz genau an, die unter dem Baum liegen. Sind sie vom Buntspecht bearbeitet worden, ist der Zapfen ziemlich zerzaust. Beim Fichtenkreuzschnabel sind die Schuppen der Länge nach eingerissen.

Vom Buntspecht bearbeitet

Vorräte

Einige Vogelarten legen Vorräte an. Der Neuntöter spießt zum Beispiel Insekten oder sogar Mäuse auf Dornen auf. Und schau dir mal die groben Rinden von zum Beispiel einer Eiche ganz genau an. Du wirst erstaunt sein, aber manchmal findet man in den Ritzen Sonnenblumenkerne, Bucheckern oder Nüsse. Die haben der Kleiber oder Meisen dort versteckt.

Der Neuntöter spießt Vorräte auf.

Der Kleiber versteckt Vorräte.

Schmieden

Hier wird kein Eisen bearbeitet, sondern gefressen. Spechte klemmen Nüsse oder Zapfen gerne in Holzspalten oder Astgabeln ein, um sie dann mit dem Schnabel aufzuhacken. Solche Plätze werden Spechtschmieden genannt. An der Drosselschmiede, einem harten Stein, findest du dagegen lauter zerschlagene Schneckenhäuser. Die Singdrossel öffnet so die Schneckenhäuser.

Drosselschmiede   **Spechtschmiede**

Federn

Was für die Säugetiere das Fell ist, sind für die Vögel die Federn. Sie schützen den Vogel vor Wasser und Kälte, geben ihm die Färbung, und mit den Federn können die meisten Vögel fliegen.

Die äußere Federschicht der Vögel sind die **Konturfedern**. Unter den Konturfedern tragen die meisten Vögel **Daunenfedern**.

Schau genau!

Die Konturfedern haben in der Mitte einen festen Federkiel und außen die Federfahnen. Jetzt brauchst du eine gute Lupe, um mehr zu erkennen, denn die Federfahne ist noch weiter unterteilt. Sie besteht aus dem Federast, von dem nach oben die Hakenstrahlen abgehen und nach unten die Bogenstrahlen. An den Hakenstrahlen siehst du kleine Häkchen, die sich mit dem Bogenstrahl des Nachbarastes fest verhaken. So bekommt die Feder ihre feste Struktur.

Federast

Hakenstrahl

Bogenstrahl

Konturfeder unter der Lupe

Wichtig zu wissen!

Daunen haben nur einen kurzen Kiel und lange, weiche Federäste ohne Häkchen. Zwischen den Daunen enstehen viele Luftpolster, die den Vogel kuschelig warm halten. Deshalb werden Bettdecken, Schlafsäcke oder Jacken gerne mit Daunen gefüllt.

Daunenfeder

Damit die Federn lange halten, müssen sie von den Vögeln **regelmäßig gepflegt und gefettet** werden. Dabei ziehen sie die Federn durch den Schnabel, damit sich die Federäste wieder verhaken. Doch irgendwann ist jede Feder so abgenutzt, dass sie erneuert werden muss. Diesen Federwechsel nennt man **Mauser**. Mindestens einmal im Jahr werden die Federn erneuert, natürlich nicht alle auf einmal, sondern langsam nach und nach.

Pfuhlschnepfe

Küstenseeschwalbe

Vogelzug

Weißt du, warum im Herbst so viele Vogelarten zum Überwintern weit in den Süden fliegen? Es liegt vor allem an der Nahrung. Fast alle Zugvögel ernähren sich von Insekten und die werden im Winter sehr rar. Deswegen müssen sie in Gebiete ziehen, wo es wärmer ist und noch genügend Insekten vorhanden sind.

Die **Kurzstreckenzieher** wie die Feldlerche und Singdrossel fliegen nur bis in den Mittelmeerraum. Sie kommen schon im März wieder in ihre Brutgebiete.

Feldlerche

Erst ab April kehren die **Langstreckenzieher** zurück. Sie haben südlich der Sahara überwintert, manche Weißstörche und Rauchschwalben sogar in Südafrika.

Grauschnäpper oder der Neuntöter gehen ganz auf Nummer sicher und kommen erst im Mai wieder, wenn schon alles grün ist. So weite Strecken zu fliegen kostet die Vögel unheimlich viel **Energie**. Wenn sie im Winterquartier ankommen, wiegen sie manchmal nur noch die Hälfte ihres vorherigen Gewichts. Sie fliegen in Etappen von 80 bis 500 km.

Neuntöter

Weißstorch

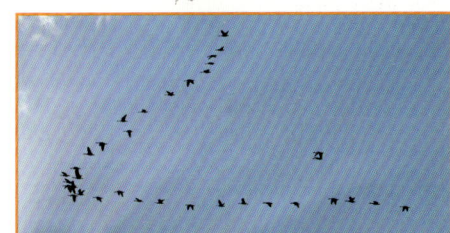

Vogelzug gen Süden

Schnelle Suche mit Stichwörtern

Das Buch, das zwitschern kann!

Mithilfe des TING-Stifts kannst du zu jeder Vogelart in diesem Buch die Rufe und Gesänge hören.

Es geht ganz einfach:
- Du brauchst einen TING-Stift. Den kannst du dir
  im Buchhandel besorgen.
- Zum Einschalten drückst du den On/Off-Knopf
  etwa zwei Sekunden lang, dann hörst du einen
  kurzen Ton.

Singendes Rotkehlchen

- Nun berührst du mit der Stiftspitze das
  Aktivierungs-Logo auf der Rückseite dieses Buches.
- Jetzt verbindest du einfach den Hörstift über den USB-Anschluss mit ei-
  nem internetfähigen Computer. TING erkennt nun „Mein erstes Was fliegt
  denn da?". Die Audio-Dateien werden auf den TING-Stift übertragen.
- Du kannst den TING-Stift jetzt vom Computer trennen. Alle Vogelstim-
  men sind nun auf dem Stift gespeichert!
- Jetzt kann's losgehen: Mit der Stiftspitze tippst du kurz auf das
  Vogelsymbol, das vor dem Vogelnamen steht. Nun wird der Code gelesen
  und sofort hörst du die Rufe und Gesänge des Vogels!

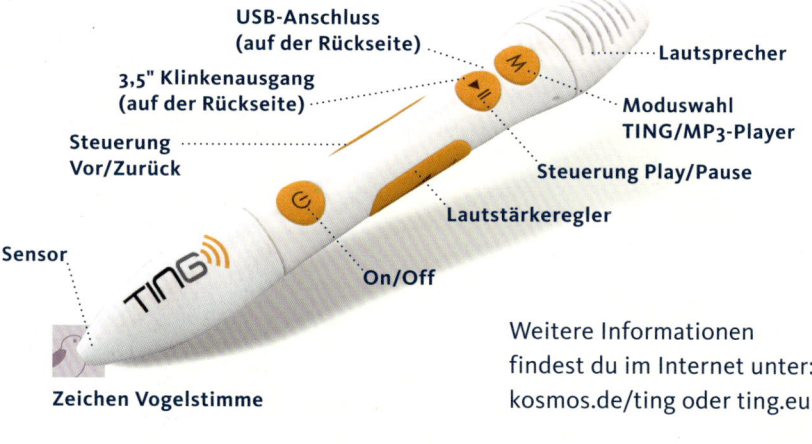

USB-Anschluss
(auf der Rückseite)

Lautsprecher

3,5" Klinkenausgang
(auf der Rückseite)

Moduswahl
TING/MP3-Player

Steuerung
Vor/Zurück

Steuerung Play/Pause

Lautstärkeregler

Sensor

On/Off

Weitere Informationen
findest du im Internet unter:
kosmos.de/ting oder ting.eu

Zeichen Vogelstimme

Spannende Reisen in die Natur

Kennst du die Bäume und Sträucher in deiner Umgebung? Oder weißt du, woran du den Roten Fingerhut erkennst? Diese Naturführer zeigen dir die 66 wichtigsten einheimischen Bäume und Blütenpflanzen. Alles wird dir durch kurze, einprägsame Texte und viele Farbfotos und Illustrationen erklärt. Tipps zum Selbermachen und Ausprobieren sowie zusätzliche Infos runden diese spannenden Naturführer ab.

Ursula Stichmann-Marny
Mein erstes Was blüht denn da?
96 S., ca. 200 Abb., €/D 7,95
ISBN 978-3-440-13140-1

Holger Haag
Mein erstes Welcher Baum ist das?
96 S., ca. 200 Abb., €/D 7,95
ISBN 978-3-440-13141-1

Mein erstes Was fliegt denn da?
Drehscheibe
€/D 4,95
ISBN 978-3-440-13143-5

Kennst du die Vögel in deiner Umgebung? Mithilfe dieser Drehscheibe kannst du anhand der Merkmale Kopf, Flugsilhouette und Größenverhältnis die Vögel bestimmen. Mit einem praktischen Band kann man sich die Drehscheibe umhängen und mit auf die Vogelbeobachtung nehmen.

Susanne Rebscher
Mein erstes Was fliegt denn da?
Spiel- und Rätselheft
32 S., farbig bebildert, €/D 5,95
ISBN 978-3-440-13189-3

Buchstabensuchsel, Quizfragen, Bilderrätsel, spannende Kriminalgeschichten und Ausmalseiten – alles für das große Rätselraten rund ums Thema Vögel.

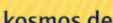

Eisvogel
Seite 43

Mauersegler
Seite 44

Rauchschwalbe
Seite 45

Wasseramsel
Seite 49

Amsel
Seite 50

Kiebitz
Seite 51

Turmfalke
Seite 54

Sperber
Seite 55

Waldohreule
Seite 56

Blässralle
Seite 60

Türkentaube
Seite 61

Ringeltaube
Seite 62

Rabenkrähe
Seite 66

**Vögel etwa so groß
wie eine Graugans**

➜

Kolkrabe
Seite 67

Graugans
Seite 71

Kormoran
Seite 72

Graureiher
Seite 73